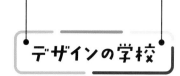

デザインの学校

これからはじめる

Windows & Mac ［対応］

Illustratorの本

［2024年最新版］

ロクナナワークショップ 著

技術評論社

本書の特徴

● 最初から通して読むことで、 Illustratorの体系的な知識 ・ 操作が身につきます。

● 読みたいところから読んでも、 個別の知識 ・ 操作が身につきます。

● 練習ファイルを使って、 部分的に学習することができます。

本書の使い方

本文は、 ❶❷❸…の順番に手順が並んでいます。この順番で操作をおこなってください。

それぞれの手順には、 ❶❷❸…のように、数字が入っています。

この数字は、操作画面内にも対応する数字があり、操作をおこなう場所と操作内容を示しています。

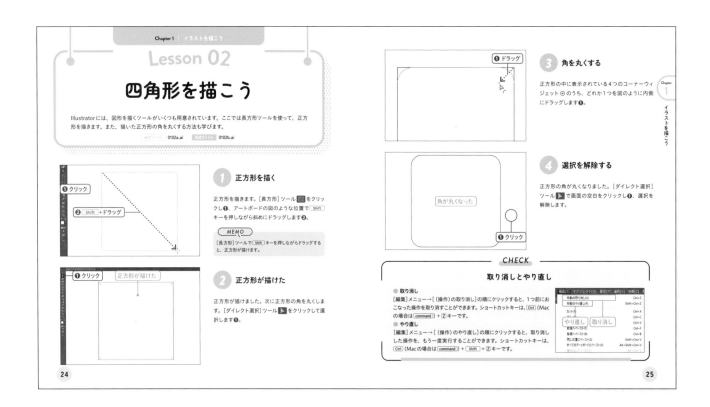

Visual Index

各 Chapter の冒頭には、その Chapter で学習する内容を視覚的に把握できるインデックスがあります。
このインデックスから自分のやりたい操作を探し、該当のページに移動すると便利です。

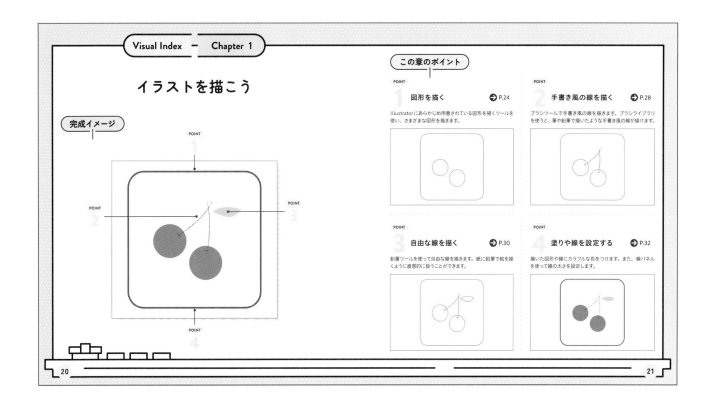

動作環境について

本書は Adobe Illustrator CC 2024（以下 Illustrator CC 2024 と表記）を対象にしています。本文に使用しているキャプチャ画像は、Illustrator CC 2024 と Windows11 の組み合わせを使っています。そのほかの環境では画面上、多少の違いがありますが、学習には問題ありません。

Mac に Illustrator CC 2024 をインストールして利用している場合、Windows11 と操作が異なるところは、（）内に Mac での操作を記載しました。また、「macOS 14 Sonoma」を「Mac」と表記しております。なお、本書ではファイルの拡張子を表示した設定で解説をおこなっております。

Contents

Chapter 1 イラストを描こう 19

● 練習ファイルのダウンロード

練習ファイルについて

本書で使用する練習ファイルは、以下のURLのサポートサイトからダウンロードすることができます。練習ファイルはChapterごとにフォルダで圧縮されていますので、ダウンロード後はデスクトップ画面にフォルダを展開して使用してください。

https://gihyo.jp/book/2024/978-4-297-13981-0/support

各Chapterのフォルダには、各Lessonで使用する練習用のファイルが入っています。練習用ファイルは、各Lessonの最初の状態のファイルには「a」、最後の状態のファイルには「b」の文字がファイル名についています。そのほか、各Chapterで使用する写真やイラスト、文章などの素材ファイルが含まれている場合があります。

練習ファイルのダウンロード

お使いのコンピューターから、練習ファイルをダウンロードしてください。以下は、Windowsでのダウンロード手順となります。

1 Webブラウザを起動し、上記のサポートサイトのURLを入力し❶、[Enter]キーを押します❷。

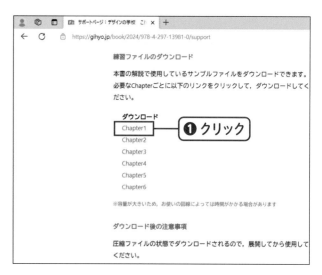

2 表示された画面をスクロールし、ダウンロードしたいファイルをクリックします❶。

● Illustrator の起動・終了

Illustrator を起動・終了する［Windows］

※ Macでの操作は P.10

Windows11でIllustrator CC 2024を起動・終了する方法を紹介します。お使いのコンピューターには、あらかじめIllustrator CC 2024がインストールされていることを前提とします。

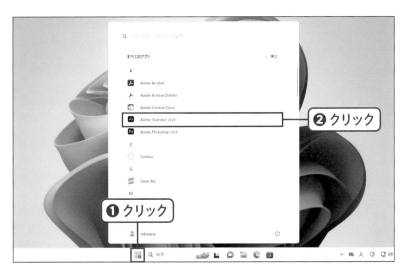

1 画面下部の ▦ をクリックし❶、表示されるメニューから［Adobe Illustrator CC 2024］をクリックします❷。

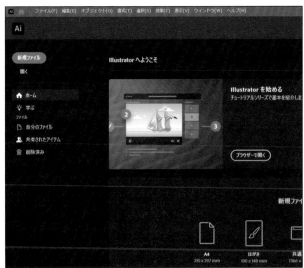

2 Illustratorが起動しました。

3 作業が終わり、Illustratorを終了する場合は、［ファイル］メニュー→［終了］の順にクリックします❶。

macOS SonomaでIllustrator CC 2024を起動・終了する方法を紹介します。お使いのコンピューターには、あらかじめIllustrator CC 2024がインストールされていることを前提とします。

1 デスクトップをクリックし、[移動]メニュー→[アプリケーション]の順にクリックします❶。

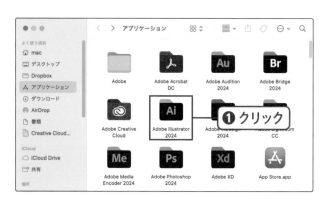

2 アプリケーションフォルダーが開いたら、[Adobe Illustrator 2024]フォルダーをダブルクリックします❶。

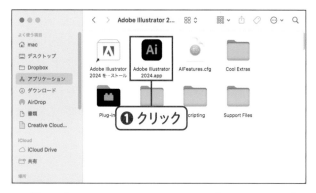

3 [Adobe Illustrator CC 2024]のアイコンをダブルクリックします❶。

4 Illustratorが起動しました。

5 作業が終わり、Illustrator CC 2024を終了する場合は、[Illustrator]メニュー→[Illustratorを終了]の順にクリックします❶。

● Illustrator の操作画面

Illustrator CC 2024 を起動し、新規ファイルを作成した状態の画面について解説します。

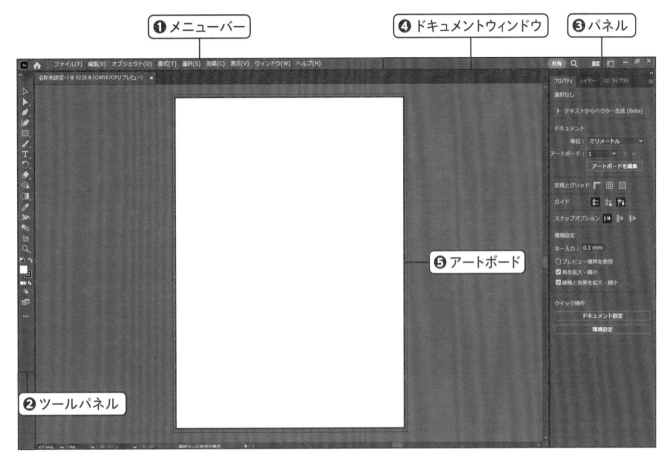

❶ メニューバー

❹ ドキュメントウィンドウ

❸ パネル

❷ ツールパネル

❺ アートボード

❶ メニューバー

作業別に分けられた各項目のメニューです。Windows 版と Mac 版では、表示の一部が異なります。以下は、Mac 版のメニューです。

 Illustrator　ファイル　編集　オブジェクト　書式　選択　効果　表示　ウィンドウ　ヘルプ

❷ ツールパネル

イラストの描画や変形に使うツール類がグループごとに格納されています。使いたいツールをクリックして選択します。右下に ◢ のついたツールアイコンを長押しすると、隠れているツールが表示され、選択できます。

❹ ドキュメントウィンドウ

イラストを表示するウィンドウです。複数のドキュメントを開いているときはタブをクリックし、作業をおこなうドキュメントに切り替えます。

❸ パネル

イラストの設定や確認に使います。色や線幅など、各種設定に必要なパネル類がグループごとに格納されており、前面に表示されているパネルのみ操作できます。本書では ◼◼◼ ≪ をクリックして、パネルを展開した状態で作業をおこないます。

❺ アートボード

印刷可能な領域です。オブジェクトを配置してイラストやロゴなどを作成します。

● Illustrator の基本操作

Illustrator CC 2024 には、イラストを装飾するためにさまざまなパネルが用意されています。関連するパネルは
タブで前後に重ねて格納されています。非表示のパネルは［ウィンドウ］メニューからパネル名を選択して表示する
ことができます。また、各パネルは次のような方法で扱うことができます。

● タブをクリックして切り替える

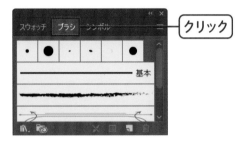

●［パネルメニュー］からオプションを選択・表示する

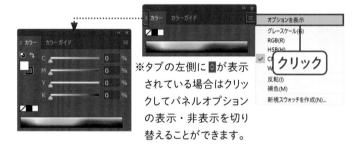

※タブの左側に ◎ が表示
されている場合はクリッ
クしてパネルオプション
の表示・非表示を切り
替えることができます。

● タブをドラッグして切り離す

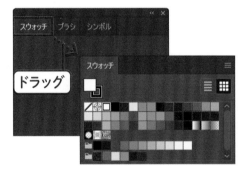

● タブをドラッグして格納する

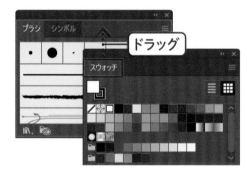

● パネル右上の矢印をクリックしてアイコン化する

● アイコンをクリックしてパネルを表示する

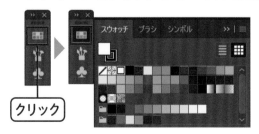

隠れているツールを選択する

右下に ◢ のついたツールアイコンには、関連する別のツールが隠れています。

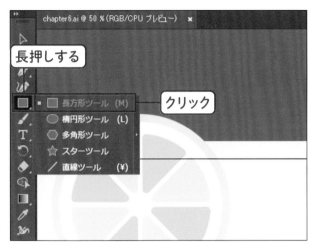

ツールアイコンを長押しするとメニューが表示されるので、使いたいツールをクリックして選択します。

また、メニューの右側にある ▶ をクリックするとそれぞれのツールをツールパネルから切り離して表示することができます。

表示位置の移動

[手のひら] ツール 🖐 を使うと、画面上をドラッグして表示位置を移動できます。

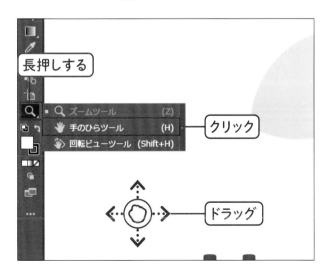

[ズーム] ツール 🔍 を長押しし、[手のひら] ツール 🖐 をクリックします。他のツールを選択している場合でも、スペース キーを押すと一時的に [手のひら] ツールに切り替わり、ドラッグで表示位置を移動できます。

画面の表示サイズの変更

操作をしやすくするために、以下のような方法で画面の表示サイズを変更することができます。

● [表示] メニューから表示サイズの変更

[表示] メニューから各表示設定を選択し、画面の表示サイズを変更できます。

● [ズームボックス] から表示サイズの変更

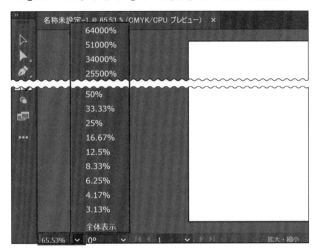

ドキュメントウィンドウの左下の [ズームボックス] を使うと、表示倍率を指定して画面の表示サイズを変更できます。

● [ズーム] ツールで画面の拡大

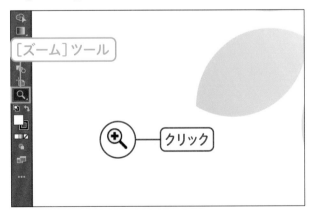

[ズーム] ツール 🔍 で画面上をクリックすると、画面を拡大表示できます。画面上を右方向にドラッグすることでも同様に画面を拡大表示できます。

● [ズーム] ツールで画面の縮小

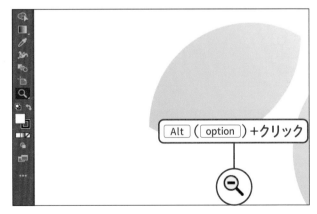

[ズーム] ツール 🔍 で Alt (Macの場合は option) キーを押しながら画面上をクリックすると、画面を縮小表示できます。画面上を左方向にドラッグすることでも同様に画面を縮小表示できます。

スマートガイドはオブジェクトを操作するときに一時的に表示されるガイドで、オブジェクトを移動・変形する際の目安になります。初期設定では有効になっていますが、本書では無効にした状態で解説しています。

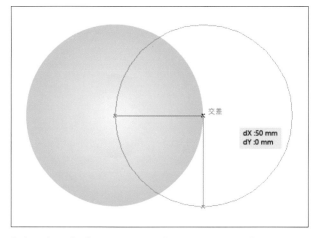

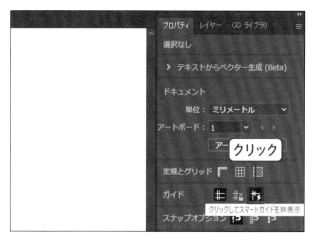

[プロパティ] パネルの [ガイド] セクションから [スマートガイドを非表示] ボタンをクリックすると、スマートガイドが無効になります。再度スマートガイドを有効にするには、[プロパティ] パネルの [ガイド] セクションから同様に [スマートガイドを表示] ボタンをクリックします。

ワークスペースを初期設定に戻す

Illustrator CC 2024のパネルは表示内容を変更することができます。意図せぬパネルの移動などで作業画面を変更してしまった場合でも、初期設定に戻すことができます。

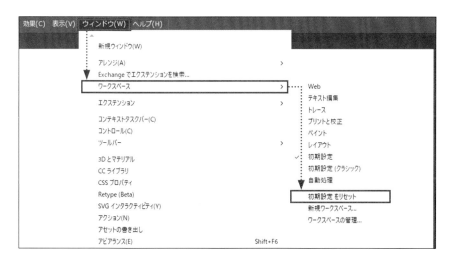

初期設定に戻すには、[ウィンドウ]メニュー→[ワークスペース]→[初期設定をリセット]の順にクリックします。表示がリセットされ、初期設定の状態に戻ります。

図形を拡大・縮小する際に注意する基本設定

Illustrator CC 2024の初期設定では線のある図形を拡大・縮小すると、線幅（線の太さ）はそのままに図形のサイズのみ変更されます。線幅も一緒に拡大・縮小するには、作業をおこなう前に次の方法で設定をおこないます。

● 環境設定から設定する

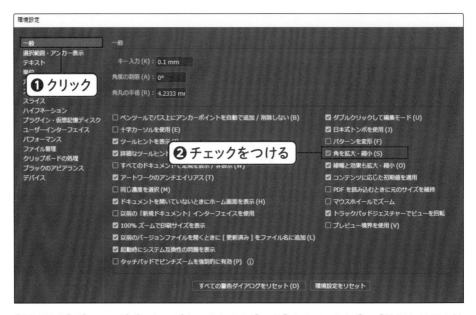

［プロパティ］パネルの［クイック操作］セクションから［環境設定］ボタンをクリックします。

［環境設定］ダイアログボックスが表示されたら［一般］をクリックし❶、［線幅と効果も拡大・縮小］にチェックをつけます❷。

● 拡大・縮小ツールから設定する

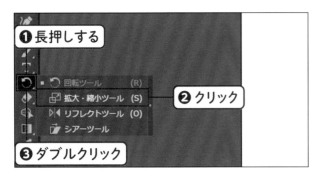

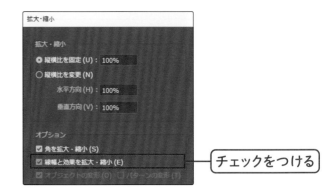

［回転］ツール 🔄 を長押しし❶、［拡大・縮小］ツール 🔲 をクリックします❷。表示された［拡大・縮小］ツール 🔲 をダブルクリックします❸。

［拡大・縮小］ダイアログボックスが表示されたら、［線幅と効果を拡大・縮小］にチェックをつけます。

環境にないフォント

練習ファイルを開く際に、［環境にないフォント］というダイアログボックスが表示される場合があります。これは、現在お使いのコンピューターにないフォントをファイルで使用していることを意味します。この問題を解決せずに続行すると、デフォルトのフォントが代替で使用されます。

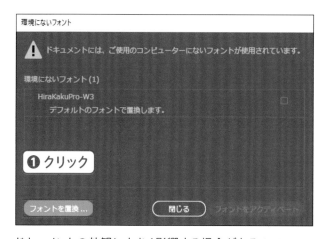

ドキュメントの外観に大きく影響する場合があるので、コンピューターにあるフォントか、Adobe Fontsを利用して問題を解決しましょう。［フォントを置換］ボタンをクリックします❶。

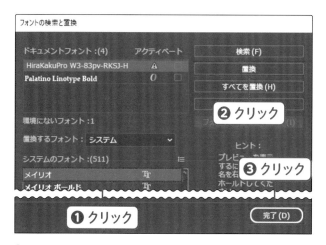

［システムのフォント］にコンピューターにインストールされているフォントが表示されます。置き換えるフォントをクリックしてハイライトし❶、［置換］ボタンをクリックすると❷、フォントが置き換えられます。すべての置換が終わったら［完了］ボタンをクリックします❸。

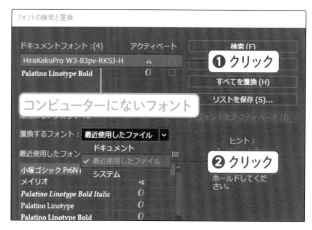

［フォント検索と置換］ダイアログボックスが開きます。［ドキュメントフォント］の⚠がついているものがコンピューターにないフォントです。置き換えたいフォントをクリックしてハイライトし❶、［置換するフォント］の⌄をクリックして表示されたメニューの中から［システム］をクリックします❷。

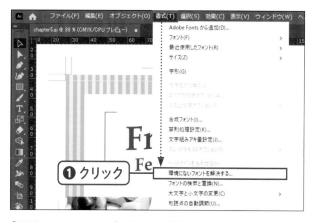

［環境にないフォント］ダイアログボックスを閉じてしまった場合は、［書式］メニュー→［環境にないフォントを解決する］の順にクリックします❶。

● Creative Cloud や関連する Adobe のサービス

ここでは、知っておくと便利なAdobeの各種サービスや機能についてご紹介します。

▶ Creative Cloud ライブラリ

https://www.adobe.com/jp/creativecloud/libraries.html

Creative Cloudライブラリ（CCライブラリ）は、Illustratorや
Photoshopだけではなく、Web制作や映像制作向けのAdobe
製品でも広く横断して利用できる、「オンラインの素材置き場」です。
グラフィック、色、テキストのスタイルなど、さまざまな素材を保存
しておくことができ、ドキュメントやアプリケーションをまたいで
利用することができます。本書では、Illustratorで作成したロゴ
や地図をCreative Cloudライブラリに保存し、Illustratorの新
規ドキュメント上で利用する方法について解説しています。

▶ Adobe Fonts

https://fonts.adobe.com/

Adobe Fontsは、Adobe IDを持っている人であれば誰でも利
用できるフォント配布サービスです。Webサイトから好きなフォ
ントを探して登録することもできますし、Illustrator CC 2024
の［文字］パネルから直接ほしいフォントをダウンロードすること
も可能です。

▶ Adobe Firefly

https://www.adobe.com/jp/products/firefly.html

Adobe Fireflyは、Adobeがリリースした生成AIです。文字
を入力するだけでAIによって画像を生成・加工することができ、
IllustratorやPhotoshopなどのAdobe製品とも連携が可能
です。また、著作権者がAIの学習データに使用することを許諾
した画像、オープンライセンスの作品、著作権期限切れになっ
ているコンテンツのみを使用しているため、安心して使うことが
できます。

Chapter

1

イラストを描こう

Chapter 1では、さまざまな図形や線を描くツールを使ってさくらんぼのイラストを描きます。また、色や線を設定してカラフルに仕上げます。Chapterを通して、ツールの使い方やIllustratorの基本操作を身につけます。

イラストを描こう

完成イメージ

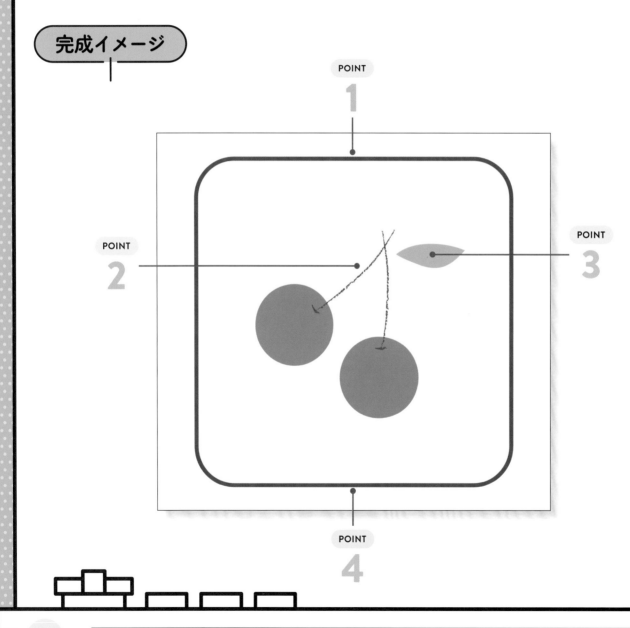

POINT
1

POINT
2

POINT
3

POINT
4

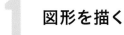
この章のポイント

POINT

1 図形を描く → P.24

Illustratorにあらかじめ用意されている図形を描くツールを使い、さまざまな図形を描きます。

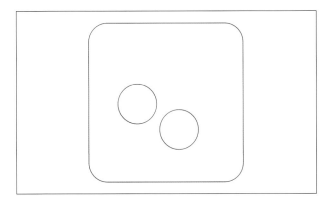

POINT

2 手書き風の線を描く → P.28

ブラシツールで手書き風の線を描きます。ブラシライブラリを使うと、筆や鉛筆で描いたような手書き風の線が描けます。

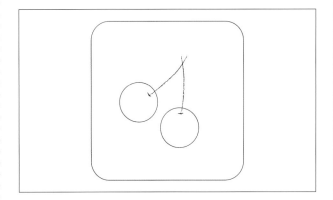

POINT

3 自由な線を描く → P.30

鉛筆ツールを使って自由な線を描きます。紙に鉛筆で絵を描くように直感的に扱うことができます。

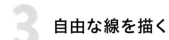
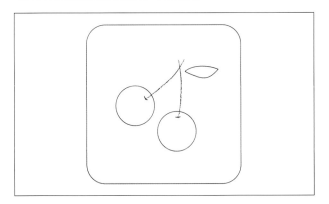

POINT

4 塗りや線を設定する → P.32

描いた図形や線にカラフルな色をつけます。また、線パネルを使って線の太さを設定します。

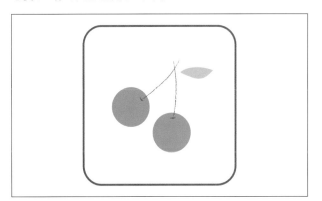

Lesson 01

準備をしよう

はじめにイラストを描く準備をします。新規ドキュメントを作成し、作業がしやすいように画面をズームする方法を学びます。

練習ファイル　なし　　　完成ファイル　0101b.ai

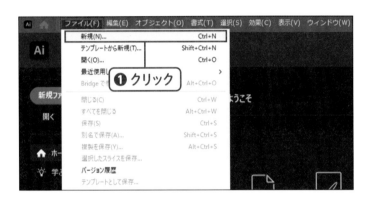

1 新規ドキュメントを作成する

P.9（Macの場合はP.10）の方法でIllustratorを起動し、［ファイル］メニュー→［新規］の順にクリックします❶。

2 項目を設定する

［新規ドキュメント］ダイアログボックスが表示されました。［印刷］のタブをクリックし❶、［A4］をクリックします❷。［プリセットの詳細］に「chapter1」と入力し❸、［作成］ボタンをクリックします❹。

> **MEMO**
>
> ［印刷］タブをクリックすると自動的に単位やカラーモードが変更され、印刷物でよく使われるサイズのテンプレートが表示されます。カラーモードについてはP.134を参照。

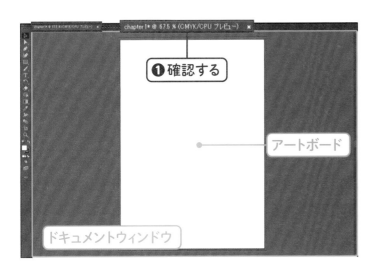

3 新規ドキュメントが 作成された

新規ドキュメントが作成され、アートボードが表示されます。ドキュメントウィンドウのタブに、手順❷で入力した［chapter1］が表示されているのを確認します❶。

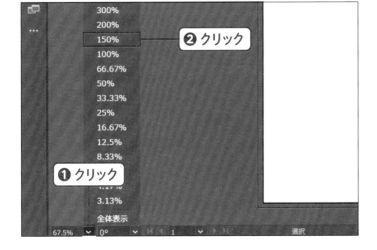

4 画面を拡大する

操作しやすいように画面を拡大します。ドキュメントウィンドウの左下の［ズームボックス］の をクリックします❶。いくつかのパーセンテージが表示されるので「150%」をクリックします❷。

5 画面が拡大された

画面が拡大されました。ここでは150%に拡大しましたが、作業がしやすい拡大率に調整しましょう。

Lesson 02

四角形を描こう

Illustratorには、図形を描くツールがいくつも用意されています。ここでは長方形ツールを使って、正方形を描きます。また、描いた正方形の角を丸くする方法も学びます。

練習ファイル 0102a.ai 　 完成ファイル 0102b.ai

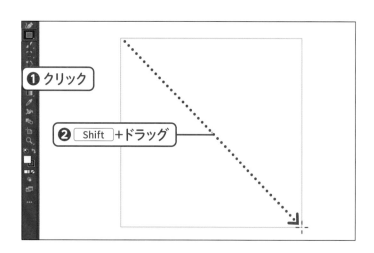

1 正方形を描く

正方形を描きます。[長方形] ツール をクリックし❶、アートボードの図のような位置で Shift キーを押しながら斜めにドラッグします❷。

> **MEMO**
>
> [長方形] ツールで Shift キーを押しながらドラッグすると、正方形が描けます。

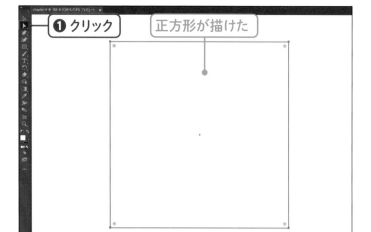

2 正方形が描けた

正方形が描けました。次に正方形の角を丸くします。[ダイレクト選択] ツール ▶ をクリックして選択します❶。

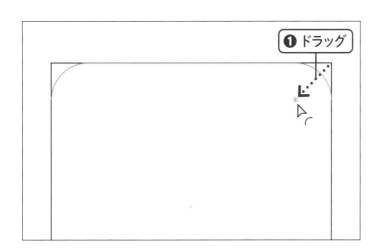

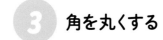

③ 角を丸くする

正方形の中に表示されている4つのコーナーウィジェット のうち、どれか1つを図のように内側にドラッグします❶。

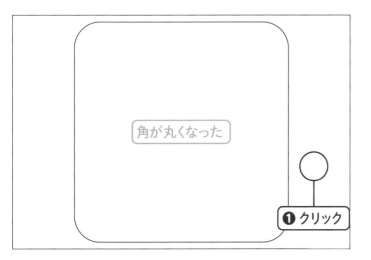

④ 選択を解除する

正方形の角が丸くなりました。［ダイレクト選択］ツール ▶ で画面の空白をクリックし❶、選択を解除します。

CHECK

取り消しとやり直し

● **取り消し**
［編集］メニュー→［（操作）の取り消し］の順にクリックすると、1つ前におこなった操作を取り消すことができます。ショートカットキーは、 Ctrl （Macの場合は command ）+ Z キーです。

● **やり直し**
［編集］メニュー→［（操作）のやり直し］の順にクリックすると、取り消しした操作を、もう一度実行することができます。ショートカットキーは、 Ctrl （Macの場合は command ）+ Shift + Z キーです。

Lesson 03

円を描こう

楕円形ツールを使って、円を描きます。また、描いた図形を移動する方法も学びます。

練習ファイル **0103a.ai**　　完成ファイル **0103b.ai**

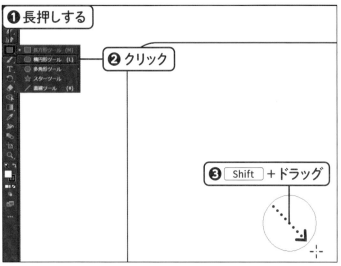

1 円を描く

[長方形]ツール  を長押しし❶、[楕円形]ツール ◯ をクリックします❷。アートボードの図のような位置で Shift キーを押しながら斜めにドラッグします❸。

> **MEMO**
>
> [楕円形]ツールで Shift キーを押しながらドラッグすると、正円が描けます。

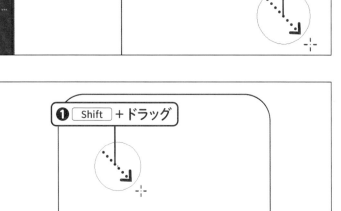

2 もう1つ円を描く

もう1つ円を描きます。手順❶と同じようにアートボードの図のような位置で Shift キーを押しながら斜めにドラッグします❶。

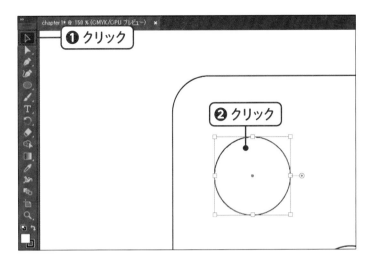
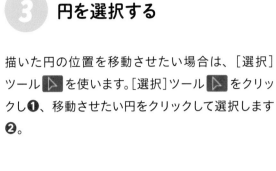

③ 円を選択する

描いた円の位置を移動させたい場合は、［選択］
ツール を使います。［選択］ツール をクリックし❶、移動させたい円をクリックして選択します❷。

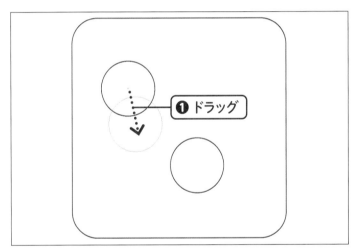

④ 円を移動する

円を移動させたい位置までドラッグします❶。

MEMO

［選択］ツールで図形をクリック、またはドラッグすると、図形の周りに「バウンディングボックス」という枠が表示され、選択した状態になります。バウンディングボックスについてはP.29を参照。

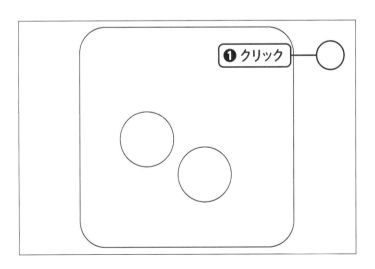

⑤ 選択を解除する

［選択］ツール で画面の空白をクリックし❶、選択を解除します。

Lesson 04

手書き風の線を描こう

手書き風の線でさくらんぼの茎を描きます。ブラシツールを使うと筆や鉛筆で描いたようなタッチの線が描けます。

練習ファイル **0104a.ai**　　完成ファイル **0104b.ai**

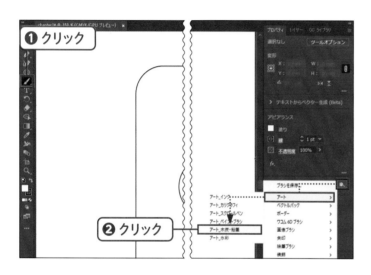

1 ブラシライブラリを開く

[ブラシ] ツール をクリックします❶。[プロパティ] パネルの [ブラシ] セクションから、[ブラシライブラリ] メニュー 🗚 →[アート]→[アート_木炭・鉛筆] の順にクリックします❷。

> **MEMO**
>
> アートボードの右側のパネルが展開されていない場合は、■■■■ << をクリックして展開しておきましょう。

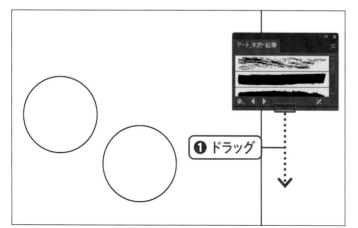

2 パネルを広げる

[アート_木炭・鉛筆] ライブラリが表示されました。パネル下部の ■■■■■ を下方向にドラッグし❶、パネルを広げます。

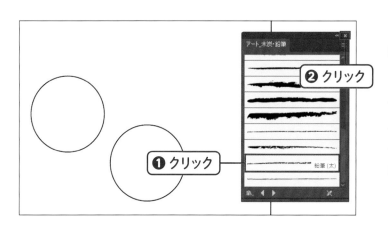

③ ［鉛筆（太）］を選択する

一覧の上にマウスカーソルを合わせると、ブラシ名が表示されます。下へスクロールし、［鉛筆（太）］をクリックします❶。パネルは ✕ をクリックして閉じておきます❷。

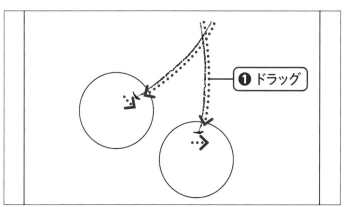

④ 茎を描く

図のようにドラッグし❶、さくらんぼの茎を描きます。

MEMO

ブラシライブラリから選択したブラシは、次から素早く選択できるように［プロパティ］パネルのブラシに登録されます。

CHECK

図形の拡大・縮小・回転操作

図形を［選択］ツール ▷ で選択すると、「バウンディングボックス」が表示されます。バウンディングボックスの周りには「ハンドル」と呼ばれる白い四角形が8つ配置され、これらを操作することで図形を拡大・縮小や、回転することができます。バウンディングボックスが表示されない場合は、［表示］メニュー→［バウンディングボックスを表示］の順にクリックします。

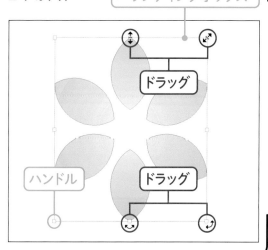

Lesson 05

自由な線を描こう

鉛筆ツールは、紙に鉛筆で絵を描くように直感的に扱えるツールです。ここでは鉛筆ツールを使ってさくらんぼの葉っぱを描きます。

練習ファイル **0105a.ai**　完成ファイル **0105b.ai**

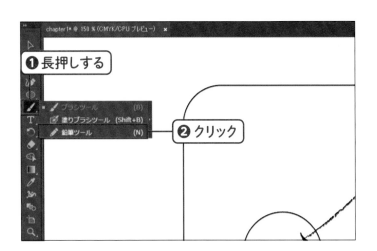

1 鉛筆ツールを選択する

［ブラシ］ツール ![img]を長押しし❶、［鉛筆］ツール ![img]をクリックします❷。

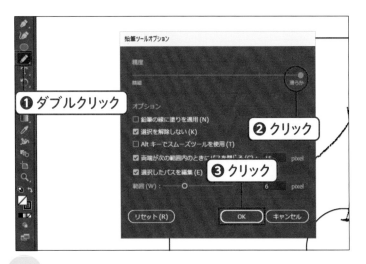

2 鉛筆ツールを設定する

滑らかな線が描けるように設定します。［鉛筆］ツール ![img]をダブルクリックし❶、［鉛筆ツールオプション］ダイアログボックスを表示します。［精度］スライダーの［滑らか］をクリックし❷、［OK］ボタンをクリックします❸。

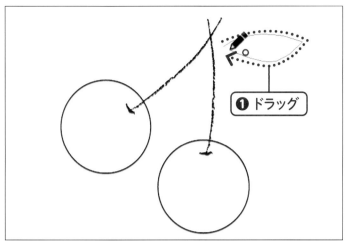

❶ ドラッグ

③ 葉っぱを描く

図のようにドラッグし❶、葉っぱを描きます。始点付近でマウスカーソルが に変わったらマウスを離します。

> **MEMO**
>
> が表示された状態でマウスを離すと線が連結します。うまく描けない場合は、[編集] メニュー→ [（操作）の取り消し] でやり直しましょう。

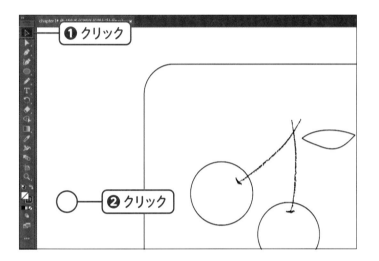

❶ クリック

❷ クリック

④ 選択を解除する

葉っぱが描けました。[選択] ツール をクリックし❶、空白をクリックして❷、選択を解除します。

CHECK

オブジェクトってなに？

Illustratorを使うと「オブジェクト」という言葉が頻繁にでてきます。聞きなれない言葉ですが、Illustratorを扱ううえでとても重要なので覚えておきましょう。
オブジェクトには「（操作をおこなう）対象物」などの意味があります。アートボードに配置した素材は、操作をおこなう対象となるので「オブジェクト」と呼びます。パスで描いた図形や線、デジタルカメラなどで撮影して配置した画像などもオブジェクトと呼びます。

操作をおこなう
オブジェクト ＝ 対象物

Lesson 06

色をつけよう

Illustratorでは、描いた図形の「線」と線の内側にあたる「塗り」に色をつけることができます。ここでは「塗り」に色をつける方法を学びます。

練習ファイル 0106a.ai 完成ファイル 0106b.ai

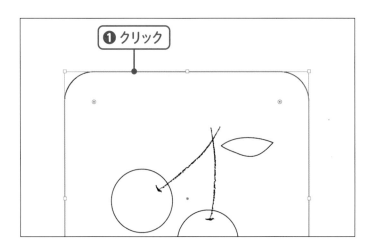

1 正方形を選択する

[選択] ツール で、正方形をクリックして選択します❶。

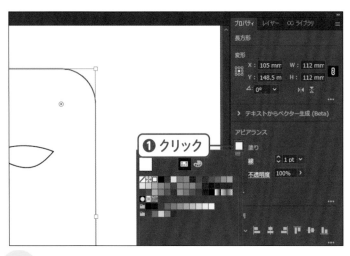

2 パネルを開く

[プロパティ] パネルの [アピアランス] セクションから [塗り] をクリックします❶。色を設定するためのパネルが表示されます。

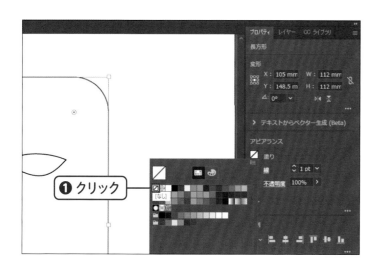

3 塗りをなしにする

パネル上段のなし にマウスカーソルを合わせて
［なし］と表示されたらクリックします❶。パネル
は Enter （Macの場合は return ）キーを押して閉
じます。

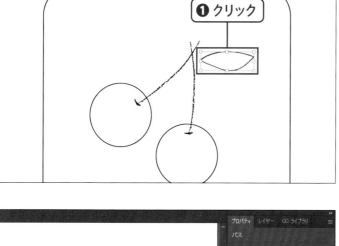

4 葉っぱを選択する

葉っぱをクリックして選択します❶。

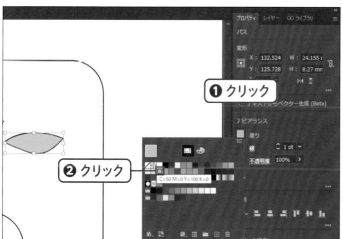

5 葉っぱに色をつける

［プロパティ］パネルの［アピアランス］セクション
から［塗り］をクリックし❶、パネルの［C=50
M=0 Y=100 K=0］ をクリックして❷、緑色を
設定します。

> **MEMO**
>
> ［鉛筆］ツールで描いた図形は、初期設定では［線］のみ
> 表示されます。

33

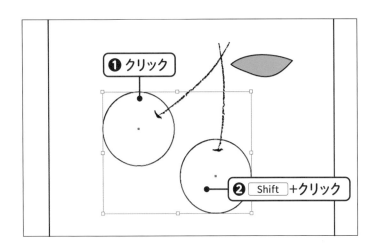

6 複数の図形を選択する

円をクリックして選択し❶、 [Shift] キーを押しな
がらもう1つの円をクリックして選択します❷。

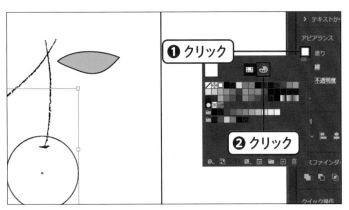

7 円に色をつける

円にはパネルに登録されていない色を使用するの
で、別の方法で設定してみましょう。[プロパティ]
パネルの[アピアランス]セクションから[塗り]を
クリックし❶、[カラー]ボタン 🎨 をクリックしま
す❷。

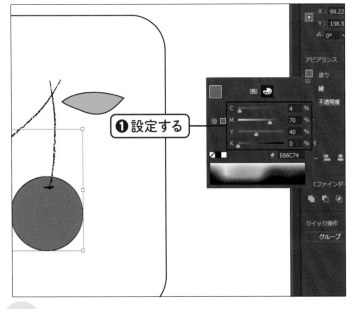

8 色を設定する

色が自由に設定できるパネルが表示されるので、
以下のように設定します❶。 [Tab] キーを押すと次
の入力ボックスへ移動できます。入力ができたら、
[Enter] (Macの場合は [return]) キーを押してパネ
ルを閉じます。

C	4	M	70	Y	40	K	0

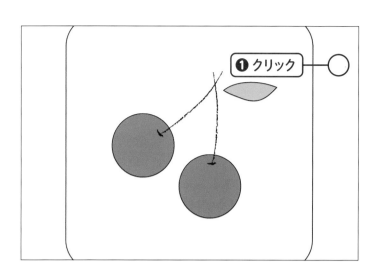

❶ クリック

⑨ 色が変わった

円が指定した色に変わりました。画面の空白をクリックし❶、選択を解除します。

CHECK

イラストの仕組みと「線」と「塗り」

Illustratorで描く線のことを「パス」といいます。このChapterでも、図形や線を描くツールを使ってパスを描きました。パスには「線」と「塗り」の2つの要素を設定することができ、これによりさまざまなイラストを描くことができます。図では、［楕円形］ツールで描いたパスに対して「線」と「塗り」を設定しています。

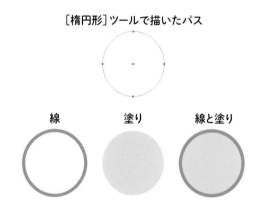

［楕円形］ツールで描いたパス

線　　　　　塗り　　　　線と塗り

● ツールパネルと線と塗りを設定するボタンを見てみよう

［初期設定の塗りと線］ボタン

線と塗りを初期設定（線は「黒」、塗りは「白」）に戻すことができます。

［カラー］ボタン

線または塗りに同じ色を設定することができます。最後に使用した色が表示されます。

［なし］ボタン

線、または塗りの色を「なし」に設定することができます。

［塗りと線を入れ替え］ボタン

線と塗りの設定を入れ替えることができます。

［グラデーション］ボタン

線、または塗りに同じグラデーションを設定することができます。最後に使用したグラデーションが表示されます。

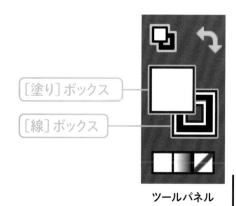

［塗り］ボックス

［線］ボックス

ツールパネル

Lesson 07

線を設定しよう

「線」の幅や色を設定する方法を学びます。線幅を変更することで線の太さを調整します。

練習ファイル 0107a.ai 完成ファイル 0107b.ai

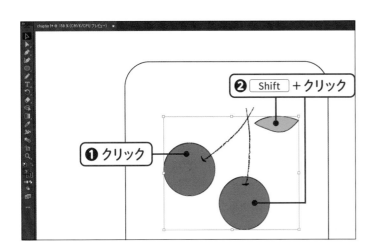

1 複数の図形を選択する

［選択］ツール ▷ で、円をクリックして選択します❶。 Shift キーを押しながらもう1つの円と葉っぱをクリックし❷、複数の図形を選択します。

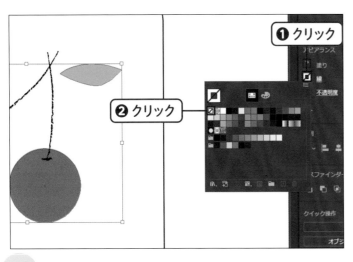

2 線をなしにする

［プロパティ］パネルの［アピアランス］セクションから［線］をクリックし❶、パネルの［なし］をクリックします❷。線が消え、塗りのみになりました。

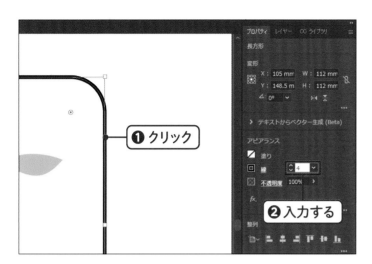

③ 線を太くする

[選択]ツール ▷ で正方形をクリックして選択します❶。[プロパティ]パネルの[アピアランス]セクションから、[線幅]に「4」と入力して❷、`Enter`（Macの場合は `return`）キーを押します。

MEMO

[線幅]の設定は ◢ をクリックするか、◢ のプルダウンメニューから数値を選択することもできます。

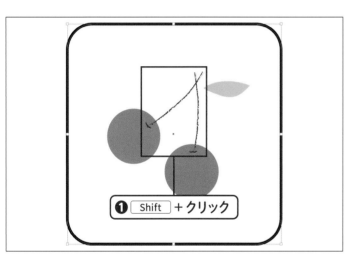

④ 複数の線を選択する

線が太くなりました。正方形が選択されている状態で、`Shift` キーを押しながら手書き線をクリックし❶、複数の線を選択します。

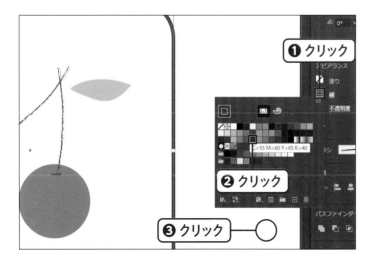

⑤ 線の色を設定する

[プロパティ]パネルの[アピアランス]セクションから[線]をクリックし❶、パネルの[C=55 M=60 Y=65 K=40] ■ をクリックして❷、茶色を設定します。これでさくらんぼの完成です。画面の空白をクリックし❸、選択を解除します。

Lesson 08

ドキュメントを保存しよう

作成したドキュメントを保存します。あとで見つけやすいように保存先を指定する方法も学びます。

練習ファイル 0108a.ai 　完成ファイル 0108b.ai

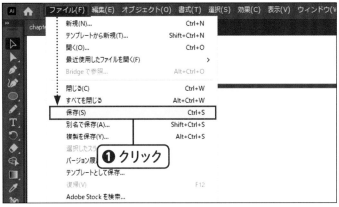

1 ファイルメニューから 保存を選択する

[ファイル]メニュー→[保存]の順にクリックします ❶。[クラウドドキュメントとして保存すると、さらに多くのことができるようになります]という画面が表示された場合は、[コンピューターに保存]をクリックします。

2 保存場所を指定する

ドキュメントをはじめて保存する場合は、[別名で保存]ダイアログボックスが表示されます。保存場所は[デスクトップ]をクリックして指定します❶。

MEMO

本書ではファイルの拡張子を表示した状態で解説しています。

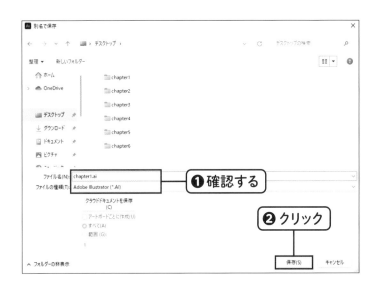

③ 項目を確認する

[ファイル名] と [ファイルの種類] (Macの場合は
[名前] と [ファイル形式]) を確認して❶、[保存]
ボタンをクリックします❷。

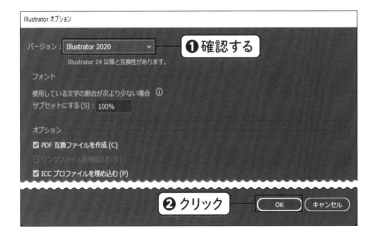

④ Illustratorオプションを
設定する

[Illustratorオプション] ダイアログボックスが表
示されるのでバージョンを確認し❶、[OK] ボタ
ンをクリックします❷。指定した場所 (ここでは「デ
スクトップ」) に「chapter1.ai」と名前のついた
Illustratorファイルが保存されます。

CHECK

クラウドドキュメントに保存

クラウドドキュメントは、Adobe IDを持っていれば無償プランの
場合2GBまで利用できるストレージサービスです。Illustrator
や他のAdobe製品で作成したデータを保存できるほか、同じ
Adobe IDでサインインした他の端末からもファイルを読み出
して利用することができます。本書では、学習用としての動作
を優先しているため、手順❶の操作ではクラウドドキュメント
は利用せずコンピューターにファイルを保存しています。

おすすめショートカットキー

Illustratorには、さまざまなショートカットキーが設定されています。通常の操作では時間がかかってしまう作業も、ショートカットキーを使うことで効率よく作業をおこなうことができます。ここでは、覚えておくと便利なショートカットキーを紹介します。

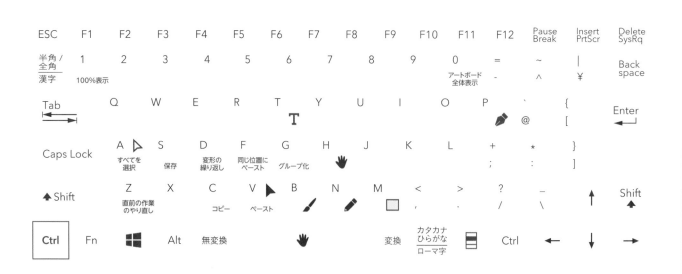

キー	ツール	キー	操作	キー	操作
V	選択ツール	H	手のひらツール	Ctrl + A	すべてを選択
A	ダイレクト選択ツール	スペース + ドラッグ	カンバスの移動（手のひらツール）	Ctrl + Z	直前の作業のやり直し
M	長方形ツール			Ctrl + S	保存
N	鉛筆ツール	Ctrl + C（Macの場合は command）	コピー	Ctrl + D	変形の繰り返し
B	ブラシツール			Ctrl + G	グループ化
T	文字ツール	Ctrl + V	ペースト	Ctrl + 1	100% 表示
P	ペンツール	Ctrl + F	同じ位置にペースト	Ctrl + 0	アートボード全体表示

▶ ショートカットキーは変更できる

ショートカットキーは［編集］メニュー→［キーボードショートカット］から自由に変更することができます。操作に慣れてきたら試してみましょう。

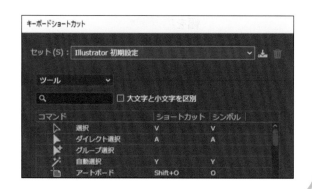

Chapter

2

ロゴをつくろう

Chapter 2では、図形と文字を組み合わせてロゴをつくります。はじめに基本図形を変形・回転することでロゴマークをつくり、次に文字の一部を変形させてロゴタイプをつくります。これらの操作を通して図形や文字の編集方法を身につけ、表現の幅を広げます。

ロゴをつくろう

完成イメージ

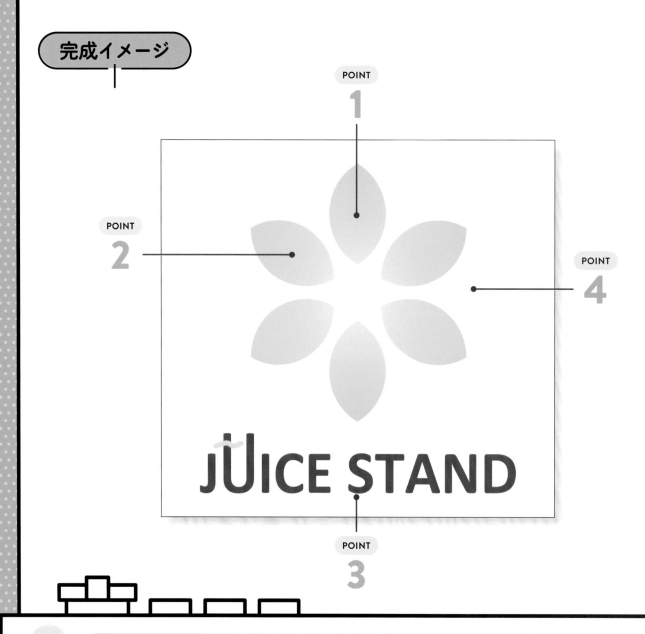

POINT

1 図形を変形する → P.44

円を組み合わせて花びらをつくり、[回転]ツールを使って複製しながら花の形をつくります。

POINT

2 グラデーションをつける → P.50

花にグラデーションを設定します。花の中心から外側に広がるように円形のグラデーションを適用します。

POINT

3 文字を入力する → P.54

フォントやフォントサイズを設定し、文字を入力します。入力した文字は図形に変換して、変形させます。

POINT

4 CCライブラリに 追加する → P.60

ロゴを[CCライブラリ]に追加すると、他のドキュメントやアプリケーションなどで再利用可能な素材として保存しておくことができます。

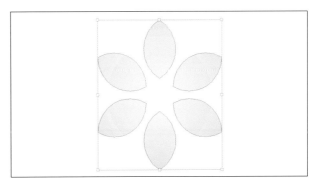

Lesson 01

図形を変形しよう

はじめにロゴマークの素材となる花びらをつくります。2つの円を描き、組み合わせて変形することで、花びらをつくる方法を学びます。

練習ファイル　なし　　　　完成ファイル　0201b.ai

1 新規ドキュメントを作成する

［ファイル］メニュー→［新規］の順にクリックします。［新規ドキュメント］ダイアログボックスが表示されるので［印刷］タブの［A4］をクリックし❶、［プリセットの詳細］に「chapter2」と入力して❷、［作成］ボタンをクリックします❸。

2 画面を拡大する

操作がしやすいように画面を拡大します。ドキュメントウィンドウの左下の［ズームボックス］に「150」と入力して❶、[Enter]（Macの場合は[return]）キーを押します。

MEMO

画面の表示サイズの変更についてはP.14を参照。

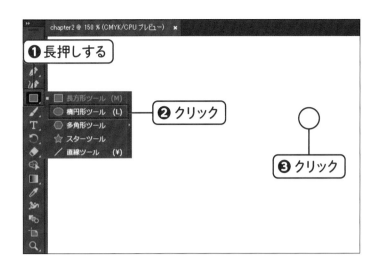

3 正確なサイズの円を描く

[長方形]ツール ■ を長押しし❶、[楕円形]ツール ◯ をクリックします❷。次に、図のような位置でクリックします❸。

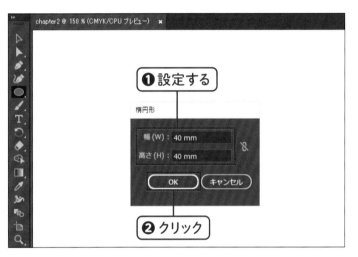

4 項目を設定する

[楕円形]ダイアログボックスが表示されます。以下のように設定し❶、[OK]ボタンをクリックします❷。

幅	40mm
高さ	40mm

5 円をコピーする

「直径40mm」の円が描けました。[編集]メニュー → [コピー]の順にクリックし❶、円をコピーします。

> **MEMO**
>
> [コピー]のショートカットは、[Ctrl]（Macの場合は[command]）+[C]キーです。よく使うので覚えておくと便利です。

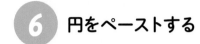

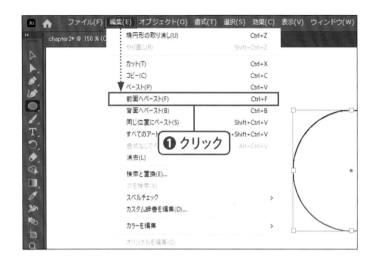

6 円をペーストする

[編集]メニュー→[前面へペースト]の順にクリックします❶。

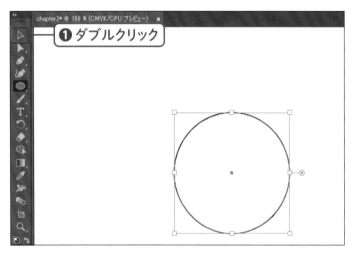

7 円を横方向に移動する

円が同じ位置の前面に複製されました。この円を横方向に移動します。[選択]ツール ▷ をダブルクリックし❶、[移動]ダイアログボックスを表示します。

MEMO

Enter（Macの場合は return ）キーを押しても、[移動]ダイアログボックスを表示することができます。

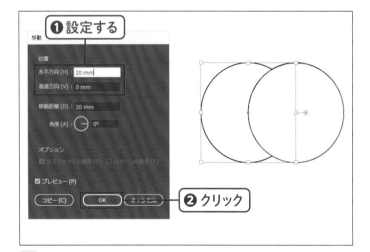

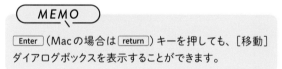

8 項目を設定する

[移動]を使うと、距離を指定して図形を移動することができます。以下のように設定し❶、[OK]ボタンをクリックします❷。

水平方向	20mm
垂直方向	0mm

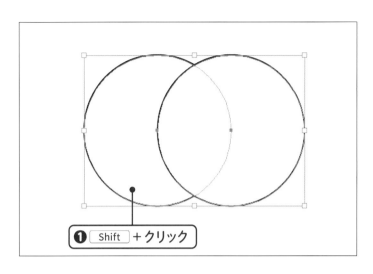

⑨ 円が移動した

円が横方向に「20mm」移動し、2つの円が交差しました。Shift キーを押しながら左側の円をクリックし❶、2つの円を選択します。

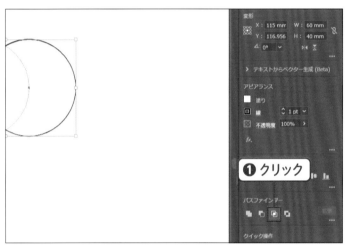

❶ クリック

⑩ 交差した部分を切り抜く

［プロパティ］パネルの［パスファインダー］セクションから［交差］ボタン ▣ をクリックします❶。

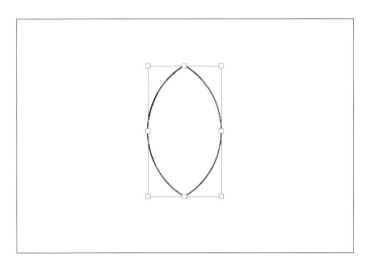

⑪ 1つの図形になった

2つの円の交差していた部分だけが切り抜かれ、1つの図形になりました。

Lesson 02

図形を展開しよう

1枚の花びらを回転しながら複製することで、花の形をつくる方法を学びます。

練習ファイル 0202a.ai 完成ファイル 0202b.ai

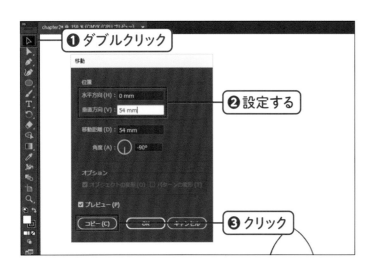

1 花びらを移動・複製する

花びらを下方向に移動して、複製します。花びら
が選択されている状態で、[選択]ツール をダ
ブルクリックします❶。[移動]ダイアログボック
スが表示されるので、以下のように設定し❷、[コ
ピー]ボタンをクリックします❸。

水平方向	0mm
垂直方向	54mm

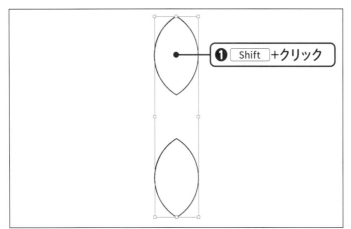

2 2枚の花びらを選択する

花びらが下方向[54mm]の位置に複製され、2
枚になりました。[Shift]キーを押しながら上の花
びらをクリックし❶、2枚の花びらを選択します。

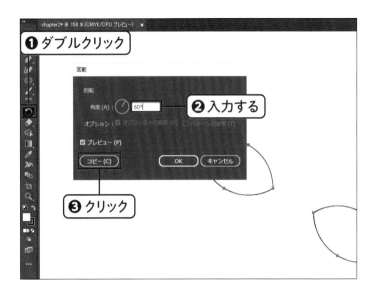

③ 回転・複製する

[回転]ツール 🔄 をダブルクリックすると❶、[回転]ダイアログボックスが表示されます。[角度]に「60」と入力し❷、[コピー]ボタンをクリックします❸。

MEMO

[回転]ダイアログボックスを使うと、角度を指定して図形を回転することができます。

Chapter
2

ロゴをつくろう

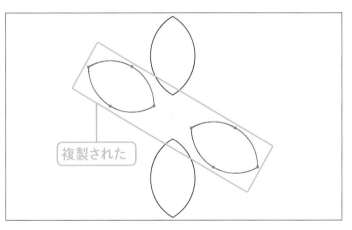

④ 花びらが複製された

2枚の花びらが中心を軸にして反時計回りに[60°]回転し、複製されました。

⑤ 操作を繰り返す

もう一度花びらの複製操作を繰り返します。[オブジェクト]メニュー→[変形]→[変形の繰り返し]をクリックします❶。さらに花びらが複製され、花の形ができました。

MEMO

[変形の繰り返し]を使うと、1つ前におこなった操作を繰り返すことができます。

49

Lesson 03
グラデーションを つけよう

グラデーションパネルを使うと、色を混ぜ合わせてグラデーションをつくることができます。ここではロゴマークにグラデーションをつける方法を学びます。

練習ファイル 0203a.ai　完成ファイル 0203b.ai

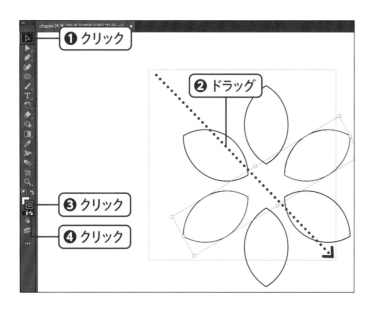

1 線を設定する

[選択]ツール ▶ をクリックし❶、花を囲むようにドラッグして選択します❷。ツールバーの[線]ボックスをクリックして前面に表示し❸、[なし]ボタン ▱ をクリックします❹。

> **MEMO**
> [塗り]ボックスと[線]ボックスの背面にあるほうをクリックすると、[カラー]パネルが表示されることがあります。❌ をクリックして閉じておくか、作業の邪魔にならない位置に移動しておきましょう。

2 塗りにグラデーションを つける

[塗り]ボックスをクリックして前面に表示し❶、[グラデーション]ボタン ▨ をクリックします❷。ボタンに設定されていた白から黒に変わるグラデーションが図形に反映されます。

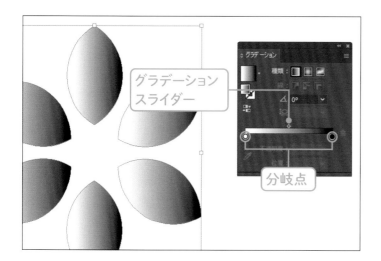

③ グラデーションパネルが 表示された

[グラデーション] パネルが表示され、[グラデーションスライダー] には2つの [分岐点] が表示されました。

> **MEMO**
>
> [分岐点] とは、グラデーションの色が変化する点です。スライダーの下辺でクリックすると [分岐点] を追加できます。

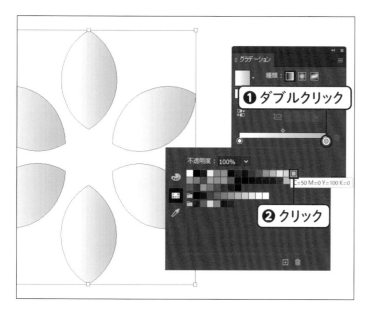

④ 右側の分岐点に色を 設定する

右側の [分岐点] をダブルクリックし❶、色を設定するためのパネルを表示します。[C=50 M=0 Y=100 K=0] ■をクリックし❷、グラデーションの右側を緑色に設定して、Enter (Macの場合は return) キーを押してパネルを閉じます。

> **MEMO**
>
> [分岐点] をダブルクリックして [カラー] パネルが表示された場合は、パネルの左側にある ■ をクリックして [スウォッチ] パネルに切り替えます。

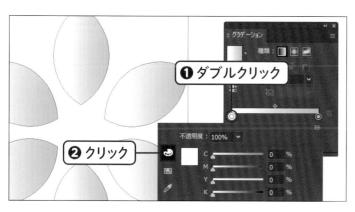

⑤ 左側の分岐点に色を 設定する

左側の [分岐点] には、パネルには登録されていない色を設定します。左側の [分岐点] をダブルクリックし❶、パネルの左側にある 🎨 をクリックして❷、色が自由に設定できるパネルに切り替えます。

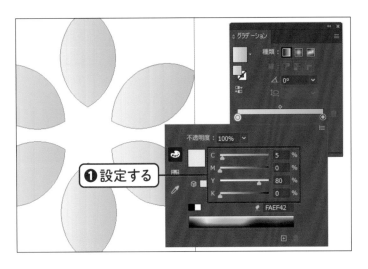

❶設定する

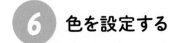

6 色を設定する

CMYKの値を以下のように設定し❶、[Enter]キー（Macの場合は[return]キー）を押してパネルを閉じます。表示されるカラーモードが異なる場合は、右上の ≡ をクリックして［CMYK］を選択しましょう。

C	5	M	0	Y	80	K	0

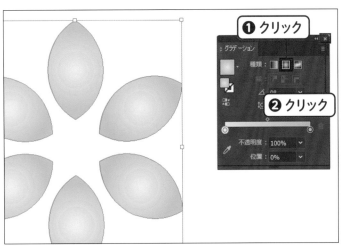

❶クリック
❷クリック

7 グラデーションの種類を変える

［種類］の［円形グラデーション］アイコン ▦ をクリックします❶。グラデーションの種類が、中心から外側に広がる円形のグラデーションに変わりました。［グラデーション］パネルは ✕ をクリックして閉じておきます❷。

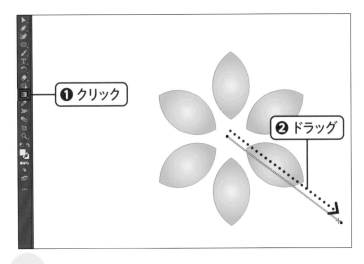

❶クリック
❷ドラッグ

8 グラデーションの始点を変える

ロゴマークの各パーツに個別のグラデーションが設定されているので全体に統一します。［グラデーション］ツール ▦ をクリックし❶、花の中心あたりにマウスカーソルを合わせて ╬ が表示されたところから図のように外側に向けてドラッグします❷。

52

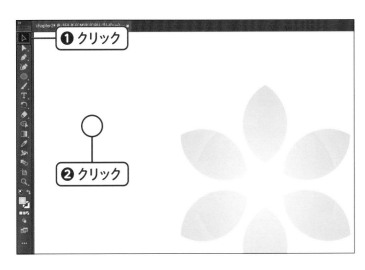

⑨ 花が描けた

これで黄色から緑色のグラデーションの花が描けました。[選択]ツール  をクリックし❶、画面の空白をクリックして❷、選択を解除します。

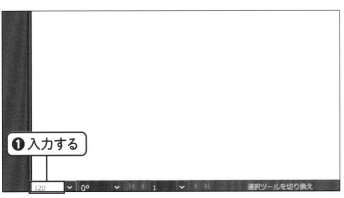

⑩ 画面を元に戻す

次の作業がしやすいように画面を元に戻します。ドキュメントウィンドウの左下の[ズームボックス]に「120」と入力し❶、 Enter （Macの場合は return ）キーを押します。

CHECK

万能な変形機能

変形機能は、さまざまな操作をおこなうことができる万能な機能です。ここでは、4つの設定を見てみましょう。

基準点
[基準点]を設定すると、バウンディングボックスのどの位置を基準にして、変形・移動などの操作をおこなうか指定することができます。

回転
回転に数値を指定することで、図形を正確な角度に回転することができます。回転の軸は基準点で指定した箇所になります。

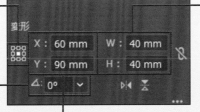

サイズ変更
W（幅）とH（高さ）に数値を指定することで、図形を正確なサイズに変更することができます。[縦横比を固定]のリンクが 🔗 の場合、縦横比を固定してサイズを変更することができます。リンクが 🔗 の場合、W（幅）とH（高さ）を個別に変更することができます。

移動
定規を基準にして、移動先のX座標値（水平方向）とY座標値（垂直方向）に数値を指定することで、図形を正確な位置に移動することができます。

Lesson 04

文字を入力しよう

お店の名前である「JUICE STAND」を入力します。フォントやフォントサイズを設定する方法を学びます。

練習ファイル **0204a.ai**　完成ファイル **0204b.ai**

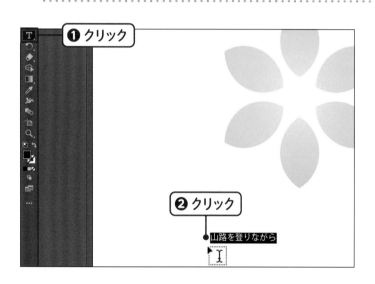

1 文字ツールを選択する

［文字］ツール　をクリックし❶、図のような位置でクリックします❷。サンプルテキストが表示されます。

MEMO

設定によってサンプルテキストが表示されない場合があります。問題はありませんので、そのまま作業を続けてください。

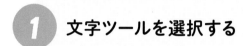

2 文字を入力する

すべて大文字の英字で「JUICE STAND」と入力します❶。次に［選択］ツール　をクリックし❷、文字の入力操作を終了します。

MEMO

［選択］ツール以外のツールを選択しても入力操作を終了することができます。

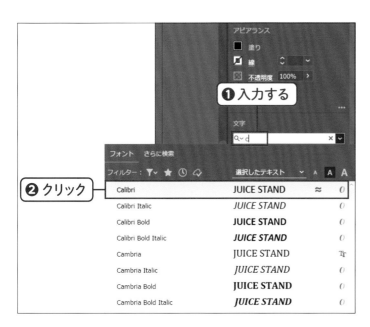

③ フォントを設定する

[プロパティ]パネルの[文字]セクションから[フォントファミリを設定]に「c」と入力します❶。「c」から始まるフォントが表示されるので[Calibri]をクリックして選択します❷。

MEMO

☑をクリックしてもフォントリストが表示されます。また、ご利用のパソコンによってインストールされているフォントが異なります。同じフォントがない場合はお好きなフォントを選んでください。

④ フォントの太さを設定する

[プロパティ]パネルの[文字]セクションから[フォントスタイルを設定]の ☑ をクリックし❶、[Bold]をクリックして選択します❷。

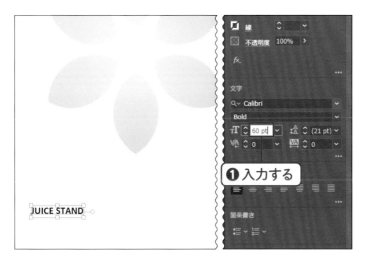

⑤ フォントサイズを設定する

[プロパティ]パネルの[文字]セクションから[フォントサイズを設定]に「60pt」と入力し❶、 Enter (Macの場合は return)キーを押します。

Lesson 05

文字を図形にしよう

文字を図形に変換することを「アウトライン化」といいます。ここでは文字をアウトライン化し、図形に変換して形を変形する方法を学びます。

練習ファイル 0205a.ai　完成ファイル 0205b.ai

1 文字の色を設定する

［プロパティ］パネルの［アピアランス］セクションから［塗り］をクリックし❶、［C=55 M=60 Y=65 K=40］ ■ をクリックして❷、茶色を設定します。

2 文字をアウトライン化する

文字が選択されている状態で、［プロパティ］パネルの［クイック操作］セクションから［アウトラインを作成］ボタンをクリックします❶。

MEMO

文字のアウトライン化についてはP.59を参照。

③ 画面を拡大する

文字の周りにアウトラインが作成され、図形に変換されました。[ズーム]ツール 🔍 をクリックし❶、「U」の辺りを2、3回クリックして拡大表示します❷。

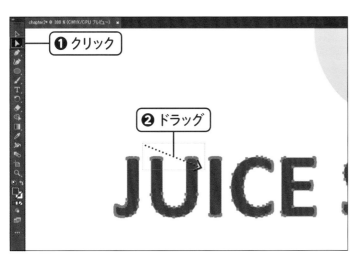

④ 図形の一部を選択する

[ダイレクト選択]ツール ▶ をクリックし❶、図のように「U」の上部分のパスをドラッグして選択します❷。

⑤ 変形する

↑ キーを数回押して❶、図のように「U」を縦長に変形します。変形ができたら、画面の空白をクリックし❷、選択を解除します。

MEMO

[Shift] キーを押しながら ↑↓←→ キーを押すと、10倍の距離を移動することができます。

6 波線を描く

変形させた「U」をコップに見立てて、ジュースのような装飾を付け足します。[ブラシ] ツール  をクリックし❶、「U」に被せるように波線を描きます❷。

> **MEMO**
> ブラシの設定が変わってしまっている場合は、[プロパティ] パネルの [ブラシ] セクションから ✓ をクリックして設定を戻します。

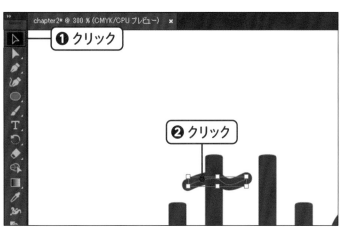

7 波線を選択する

[選択] ツール をクリックし❶、波線をクリックして選択します❷。

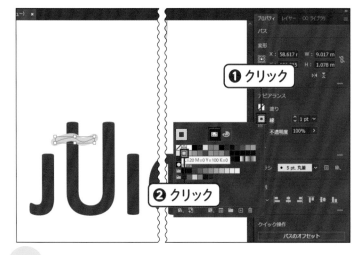

8 装飾の色を設定する

[プロパティ] パネルの [アピアランス] セクションから [線] をクリックし❶、[C=20 M=0 Y=100 K=0] ▢ をクリックして❷、線を黄緑色に設定します。

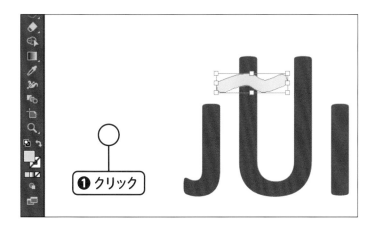

 図形をアウトライン化する

[オブジェクト] メニュー → [パス] → [パスのアウトライン] をクリックします❶。

MEMO

パスをアウトライン化することで、図形の拡大・縮小をしても線の太さに影響を与えなくなります。

⑩ 選択を解除する

波線の周りにアウトラインが作成され、今まで「線」に設定されていた色が「塗り」に設定されています。画面の空白をクリックし❶、選択を解除します。

CHECK

文字をアウトライン化するメリット

文字を「アウトライン化」すると図形（パス）として扱えるようになり、変形やさまざまな加工を施すことができます。また、アウトライン化していない文字の場合、指定されたフォントがインストールされていないパソコンでIllustratorファイルを開くと別のフォントに置き換わってしまいます。アウトライン化することで異なる環境でも同じように表示することができます。ただし、一度アウトライン化すると文字としての編集はできなくなります。変換前にはあらかじめファイルのコピーをとっておきましょう。

JUICE STAND

アウトライン化していない文字

JUICE STAND

アウトライン化した文字

Lesson 06

CCライブラリに保存しよう

他のドキュメントでも利用できるように、［CCライブラリ］にロゴを保存します。また、複数の図形を1つのグループにする「グループ化」についても学びます。

練習ファイル 0206a.ai 　 完成ファイル 0206b.ai

❶入力する

1 画面の表示を戻す

画面が拡大した状態になっているので、ドキュメントウィンドウの左下の［ズームボックス］に「120」と入力し❶、 Enter （Macの場合は return ）を押して画面を戻します。

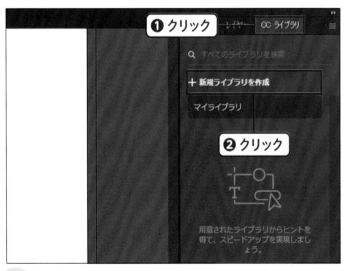

❶クリック

❷クリック

2 新規ライブラリを作成する

右側のパネルの［CCライブラリ］パネルのタブをクリックし❶、前面に表示します。パネルの上部に表示された［＋新規ライブラリを作成］をクリックします❷。

MEMO

［CCライブラリ］パネルが表示されていない場合は、［ウィンドウ］メニュー→［CCライブラリ］の順にクリックして表示します。

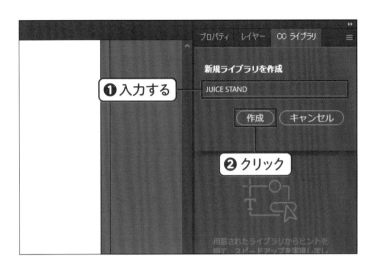

3 新規ライブラリに名前をつける

新規ライブラリを作成するダイアログボックスが表示されます。[ライブラリ名]の入力欄に「JUICE STAND」と入力し❶、[作成]ボタンをクリックします❷。

> **MEMO**
>
> [CCライブラリ]パネルの中には、素材を整理整頓する「ライブラリ」を複数作成することができます。

4 ロゴマークを選択する

[選択]ツール ▷ をクリックし❶、ロゴマークのみを囲むようにドラッグして選択します❷。

5 ロゴマークを追加する

[CCライブラリ]パネルの下部にある ➕ をクリックし❶、[画像]をクリックします❷。確認画面が表示された場合は、[OK]ボタンをクリックします。

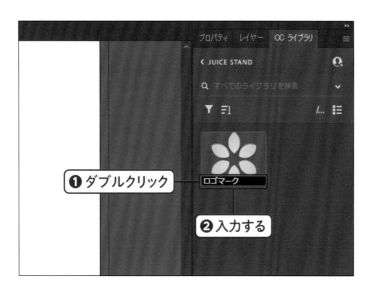

6 ライブラリにロゴマークが追加された

追加された画像には個別に名前をつけることができます。[アートワーク1]となっている文字の上をダブルクリックし①、「ロゴマーク」と入力して②、Enter（Macの場合はreturn）キーを押します。

7 ロゴタイプを追加する

[選択]ツール ▶ で、ロゴタイプのみを囲むようにドラッグして選択します①。次に[CCライブラリ]パネルの下部にある ➕ をクリックし②、[画像]をクリックします③。

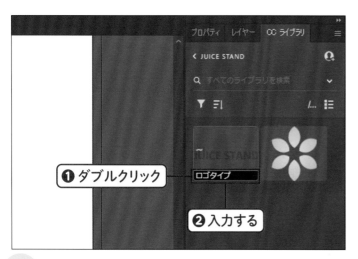

8 ライブラリにロゴタイプが追加された

ライブラリにロゴタイプが追加されました。[アートワーク1]となっている文字の上をダブルクリックし①、「ロゴタイプ」と入力して②、Enter（Macの場合はreturn）キーを押します。

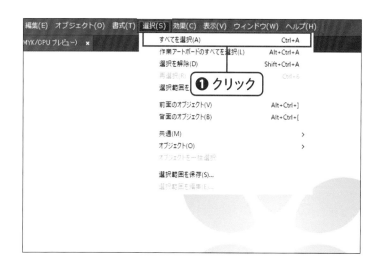

9 すべてを選択する

ロゴ全体を扱いやすいようにグループ化します。
［選択］メニュー→［すべてを選択］の順にクリック
します❶。

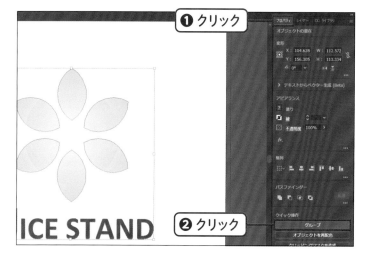

10 グループ化する

右側のパネルの［プロパティ］パネルのタブをク
リックし❶、前面に表示します。［プロパティ］パ
ネルの［クイック操作］セクションから［グループ］
ボタンをクリックします❷。

MEMO

グループの解除は、［プロパティ］パネルの［クイック操作］
セクションから［グループ解除］ボタンをクリックします。

11 ロゴの完成

ロゴがグループ化され、1つのオブジェクトとして
扱えるようになりました。これでロゴの完成です。
画面の空白をクリックし❶、選択を解除します。
P.38〜P.39の方法で保存しておきましょう。

重ね順を学ぼう

▶ 配置した図形の重ね順を変更する方法

Illustratorでは、新たに作成、またはペーストしたオブジェクトは前面へ配置されます。配置した図形の重ね順をあとから入れ替えることもできます。［プロパティ］パネルの［クイック操作］セクションの［重ね順］から操作がおこなえます。他にも、［オブジェクト］メニューの［重ね順］にある４つのメニューから操作が可能です。

▶ 図形の重ね順を確認する方法

［レイヤー］パネルの▶をクリックすると、そのレイヤー内に配置されているオブジェクトを確認できます。上部のオブジェクトほどアートボードの前面に表示され、ドラッグ＆ドロップで重ね順を変更できます。

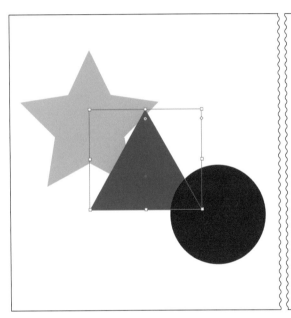

オブジェクトの確認

▶ レイヤーってなに？

「重ね順」を入れ替える他に、「レイヤー」を使うことで図形や写真の重ね順を操作できます。レイヤーとは、アートボードに積み重ねられた透明なフィルムのようなもので、「層（階層）」という意味があります。個々のレイヤーは、他のレイヤーに影響を与えることなく移動・編集や、前後を入れ替えることができます。上部のレイヤーほどアートボードの前面に表示されるので、図形や文字を分類して配置しておくと便利です。また、レイヤーは非表示やロックができるので、今までの操作が格段に楽になります（レイヤーについてはP.93を参照）。

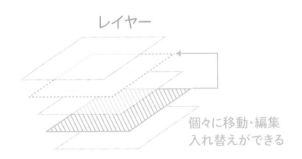

レイヤー

個々に移動・編集
入れ替えができる

Chapter

3

名刺をつくろう

Chapter 3では、印刷会社に入稿することを前提にオリジナルの名刺をつくります。操作を通して、適切な印刷データの作成方法やロゴの配置方法、文字情報を整列させる方法を身につけます。

名刺をつくろう

完成イメージ

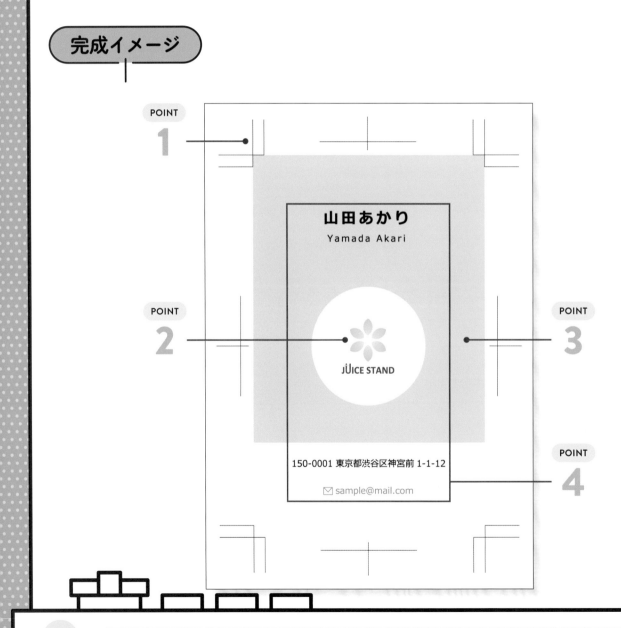

POINT 1

POINT 2

POINT 3

POINT 4

山田あかり
Yamada Akari

JUICE STAND

150-0001 東京都渋谷区神宮前 1-1-12
sample@mail.com

POINT

1 トリムマークとガイドを作成する → P.68

印刷物を裁断する目安のトリムマークや、レイアウトの目安となるガイドを作成します。

POINT

2 ロゴを配置する → P.74

別のIllustratorファイルからロゴをコピーして、作業ファイルにペーストします。変形パネルを使ってロゴのサイズと位置を調整します。

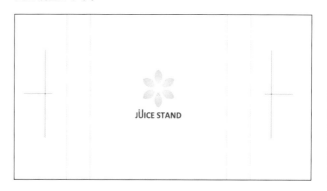

POINT

3 装飾を描く → P.78

名刺に装飾を描きます。「重ね順」を入れ替えることで、前面に描いた装飾をロゴの背面に移動させます。

POINT

4 文字を入力して整列させる → P.80

名刺に文字情報を入力します。また、整列パネルを使ってロゴや文字情報をぴったりと整列させます。

Lesson 01

名刺の枠をつくろう

はじめに印刷所への入稿に必要な「トリムマーク」の作成方法や、レイアウトの目印となる「ガイド」の設定方法を学びます。

練習ファイル　なし　　　完成ファイル　0301b.ai

1 新規ドキュメントを作成する

［ファイル］メニュー→［新規］の順にクリックします。［新規ドキュメント］ダイアログボックスが表示されるので［印刷］タブの［A4］をクリックし❶、［プリセットの詳細］に「chapter3」と入力して❷、［作成］ボタンをクリックします❸。

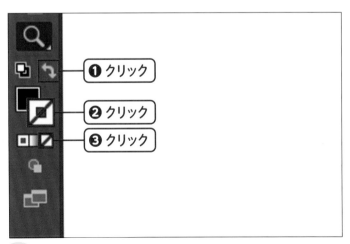

2 塗りと線を設定する

［塗りと線を入れ替え］ボタン 🔁 をクリックし❶、塗りを「黒」、線を「白」に設定します。次に［線］ボックスをクリックし❷、［なし］ボタン ◩ をクリックします❸。

> ╭─── MEMO ───╮
>
> 塗りと線が他の色になっている場合は、［初期設定の塗りと線］ボタン ◱ をクリックして初期設定に戻しましょう。

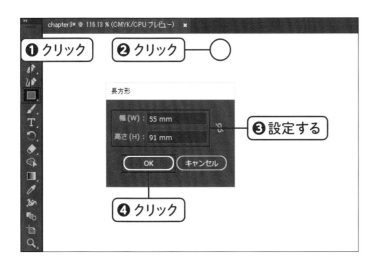

③ 名刺サイズの長方形を描く

名刺サイズの長方形を描きます。[長方形]ツール をクリックし①、アートボードをクリックします②。[長方形]ダイアログボックスが表示されるので、以下のように設定し③、[OK]ボタンをクリックします④。

幅	55mm
高さ	91mm

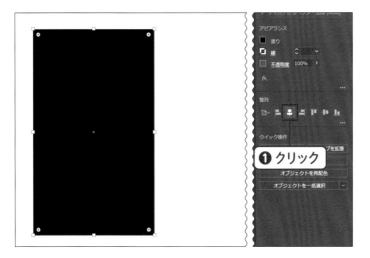

④ 長方形を移動する①

名刺サイズの長方形が描けました。長方形が選択されている状態で、[プロパティ]パネルの[整列]セクションから[水平方向中央に整列]ボタン をクリックします①。

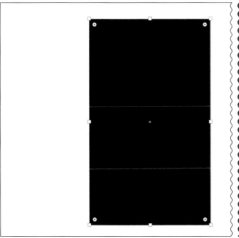

⑤ 長方形を移動する②

長方形がアートボードの水平方向の真ん中へ整列されました。同じように[プロパティ]パネルの[整列]セクションから[垂直方向中央に整列]ボタン をクリックします①。

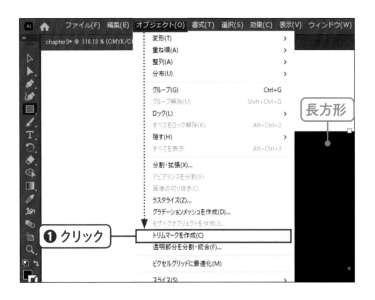

6 トリムマークを作成する

長方形がアートボードの垂直方向の真ん中に整列され、アートボードの中心に配置できました。この長方形を基準にしてトリムマークを作成します。[オブジェクト]メニュー→[トリムマークを作成]の順にクリックします❶。

> **MEMO**
> 「トリムマーク」とは、印刷物を裁断する際の目安となる線です（P.125を参照）。

7 トリムマークをロックする

トリムマークが作成されました。誤って移動しないようにロックします。[オブジェクト]メニュー→[ロック]→[選択]の順にクリックします❶。

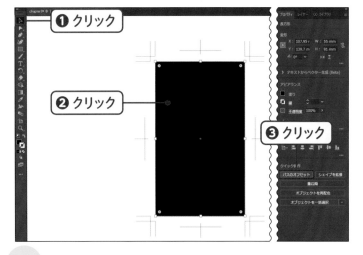

8 名刺の内側に長方形を描く

名刺の「7mm」内側に、ロゴや文字の配置の目安となる長方形を描きます。[選択]ツール ▷ をクリックし❶、長方形をクリックします❷。次に、[プロパティ]パネルの[クイック操作]セクションから[パスのオフセット]ボタンをクリックします❸。

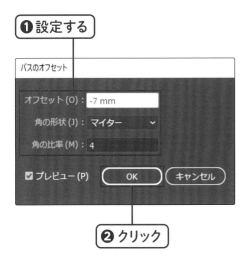

❶設定する

❷クリック

⑨ 項目を設定する

[パスのオフセット]ダイアログボックスが表示されます。以下のように設定し❶、[OK]ボタンをクリックします❷。

オフセット	-7mm
角の形状	マイター
角の比率	4

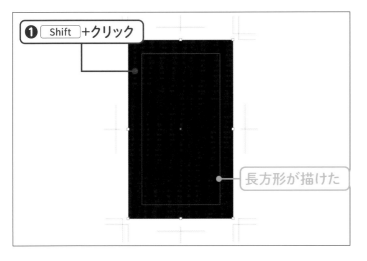

❶ Shift +クリック

長方形が描けた

⑩ 長方形を選択する

「7mm」内側に長方形が描けました。 Shift キーを押しながら外側の長方形をクリックし❶、2つの長方形を選択します。

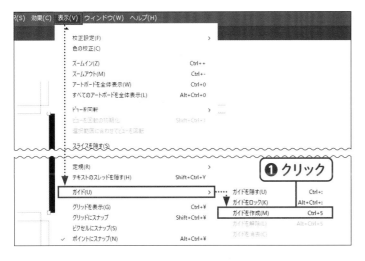

❶ クリック

⑪ 長方形をガイドに変換する

選択された2つの長方形をガイドに変換します。[表示]メニュー→[ガイド]→[ガイドを作成]の順にクリックします❶。

(MEMO)

「ガイド」とは、レイアウトの目安になる線です。印刷されることはありません。

71

Lesson 02

定規を設定しよう

図形や文字を正確な位置にレイアウトするには「定規」を使うと便利です。はじめに定規を表示し、定規を使ってガイドを引く方法を学びます。

練習ファイル 0302a.ai　　完成ファイル 0302b.ai

1 定規を表示する

[プロパティ] パネルの [定規とグリッド] セクションから [クリックして定規を表示] ボタン をクリックします❶。

> **MEMO**
> [表示] メニュー→[定規]→[定規を表示]からも定規を表示することができます。

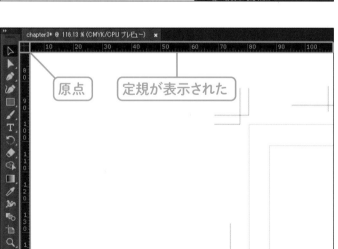

原点　　定規が表示された

2 定規が表示された

ドキュメントウィンドウの左側と上部に定規が表示されました。アートボードの左上が、定規の「原点 (目盛りが0mmの位置)」に設定されています。

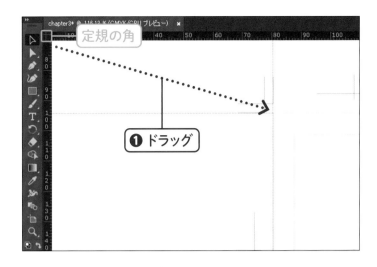

① ドラッグ

定規の角

原点を設定する

図のように、定規の左上の角から名刺の左上角まででドラッグします❶。定規の目盛りが移動し、原点が名刺の左上に設定されます。これで名刺のサイズがわかりやすくなりました。

(**MEMO**)

移動した原点を初期設定に戻すには、定規の左上の角をダブルクリックします。

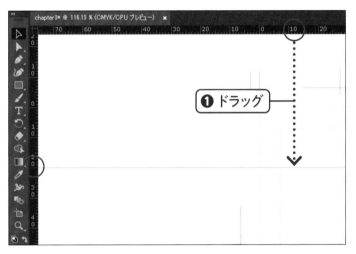

① ドラッグ

ガイドを引く ①

レイアウトの目安になるガイドを引きます。図のように上部の定規から、左側の定規の目盛り「20mm」の位置までドラッグします❶。

(**MEMO**)

画面が小さくて作業がしにくい場合は、画面を拡大しましょう。画面の表示サイズの変更についてはP.14を参照。

① ダブルクリック

ガイドを引く ②

左側の定規の目盛り「70mm」の位置をダブルクリックします❶。計2本のガイドが引けました。

(**MEMO**)

拡大率により、定規のメモリの表示（細かさ）が異なります。

Lesson 03
ロゴを別のファイルから コピーしよう

ロゴが別のIllustratorファイルに保存されています。ここでは別のIllustratorファイルからオブジェクトをコピーし、作業中のファイルにペーストする方法を学びます。

練習ファイル 0303a.ai 完成ファイル 0303b.ai

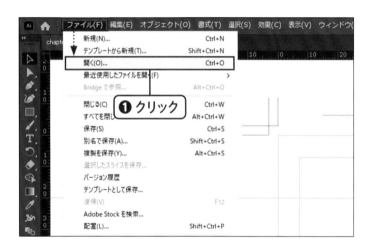

1 ロゴの保存された ファイルを開く

[ファイル] メニュー→[開く]の順にクリックします❶。

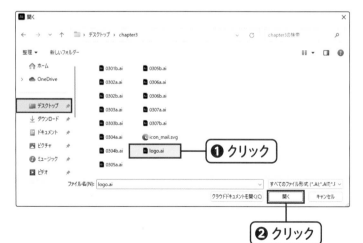

2 ファイルを選択する

[開く]ダイアログボックスが表示されます。[デスクトップ] の [chapter3] フォルダーの [logo.ai] をクリックし❶、[開く]ボタンをクリックします❷。

MEMO

あらかじめ [chapter3] フォルダーをデスクトップにコピーしてください。

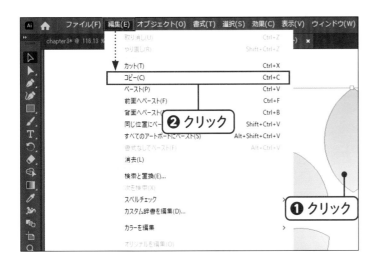

3 ロゴをコピーする

ドキュメントウィンドウにタブが増え、Illustrator
ファイルがもう1つ開きました。[選択]ツー
ル ▶ でロゴをクリックして選択します❶。次に、
[編集]メニュー→[コピー]の順にクリックします
❷。

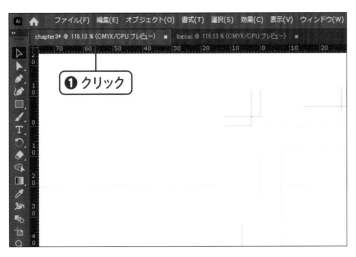

4 ドキュメントを切り替える

[chapter3]のタブをクリックし❶、ドキュメント
を切り替えます。

MEMO

練習ファイルから作業をおこなっている場合は、[0303a.
ai]のタブをクリックします。

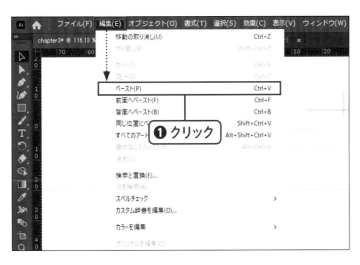

5 ロゴをペーストする

[編集]メニュー→[ペースト]の順にクリックし❶、
先ほどコピーしたロゴをアートボードに複製しま
す。

Lesson 04

ロゴを配置しよう

変形機能を使うと、数値を指定して図形の拡大・縮小や移動をすることができます。ここではロゴを縮小し、指定した位置に配置します。

練習ファイル 0304a.ai 完成ファイル 0304b.ai

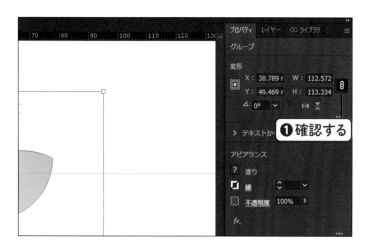

1 ロゴの縦横比を固定する

ロゴが選択されている状態で、[プロパティ]パネルの[変形]セクションから[縦横比を固定]アイコン を確認し❶、リンクが外れていたら を クリックしてリンクをつなげます。

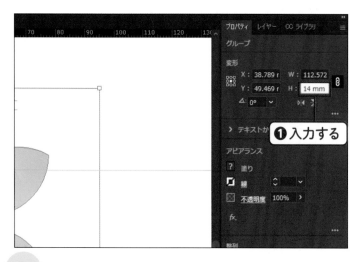

2 ロゴのサイズを変える

[H（高さ）]に「14」と入力し❶、Enter（Macの場合は return）キーを押します。縦横の比率を保ったまま、高さが「14mm」になります。

③ ロゴを移動する ①

［プロパティ］パネルの［整列］セクションから［水平方向中央に整列］ボタン  をクリックします❶。

④ ロゴを移動する ②

同じように［プロパティ］パネルの［整列］セクションから［垂直方向中央に整列］ボタン  をクリックします❶。

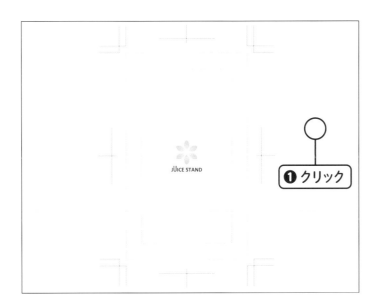

⑤ 配置できた

ロゴがアートボードの垂直方向の真ん中に整列され、アートボードの中心に配置できました。［選択］ツール で画面の空白をクリックし❶、選択を解除します。

Lesson 05

装飾を描こう

名刺に装飾を描きます。あとから描いたオブジェクトは最前面に配置されるため、「重ね順」を使って背面へ移動する方法を学びます。

練習ファイル **0305a.ai**　完成ファイル **0305b.ai**

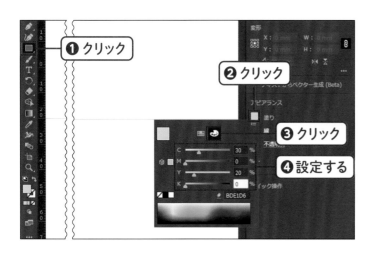

1 長方形の色を設定する

[長方形]ツール をクリックし❶、[プロパティ]パネルの[アピアランス]セクションから[塗り]をクリックします❷。[カラー]ボタン をクリックし❸、以下のように設定します❹。

| C | 30 | M | 0 | Y | 20 | K | 0 |

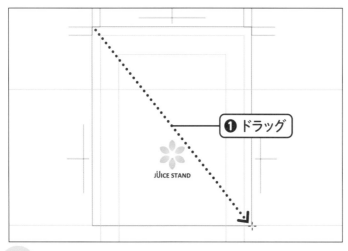

2 長方形を描く

図のように左上のトリムマークの角から70mmの位置のガイドまでドラッグし❶、長方形を描きます。

MEMO

名刺の枠を「3mm以上」はみ出して描くのがポイントです。万が一裁断がずれても、色が途切れてしまうことを防ぎます。

78

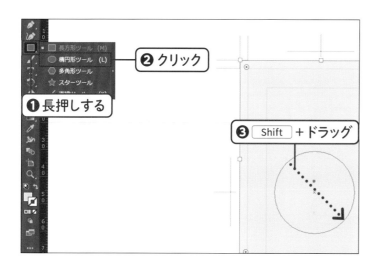

3 円を描く

[長方形]ツール ■ を長押しし❶、[楕円形]ツール ◯ をクリックします❷。名刺の真ん中あたりで Shift キーを押しながらドラッグし❸、正円を描きます。

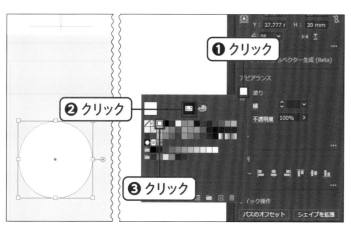

4 円の色を設定する

[プロパティ]パネルの[アピアランス]セクションから[塗り]をクリックし❶、[スウォッチ]ボタン ▦ をクリックします❷。[ホワイト] □ をクリックし❸、円を白色に設定します。

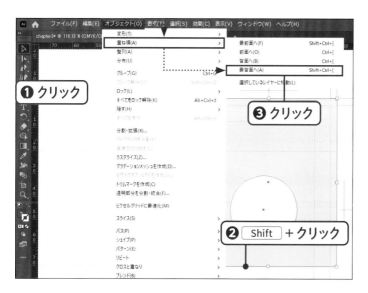

5 重ね順を変える

[選択]ツール ▶ をクリックし❶、 Shift キーを押しながら長方形をクリックして❷、2つの図形を選択します。[オブジェクト]メニュー→[重ね順]→[最背面へ]をクリックします❸。

MEMO

[重ね順]を使うと、配置した図形の前後を入れ替えることができます。

Lesson 06

文字を入力しよう

名刺に必要な名前や住所、メールアドレスなどの文字情報を入力します。また、文字パネルを使って入力した文字を設定する方法も学びます。

練習ファイル 0306a.ai 完成ファイル 0306b.ai

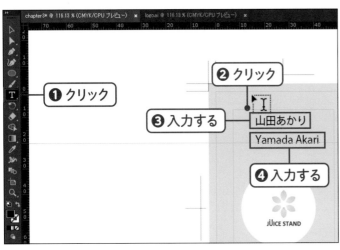

1 名前を入力する

［文字］ツール をクリックし❶、図のような位置でクリックします❷。名前を入力し❸、 Enter （Macの場合は return ）キーを押して改行した後、ローマ字で名前を入力します❹。

MEMO
余裕があれば、ご自身の情報を入力してみましょう。

2 文字の入力操作を終了する

Ctrl （Macの場合は command ）キーを押しながら画面の空白をクリックし❶、入力操作を終了します。

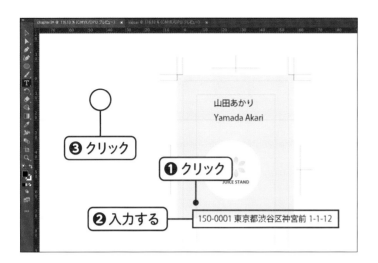

③ 住所を入力する

図のような位置でクリックし❶、住所を入力します❷。入力ができたら、Ctrl（Macの場合はcommand）キーを押しながら画面の空白をクリックし❸、入力操作を終了します。

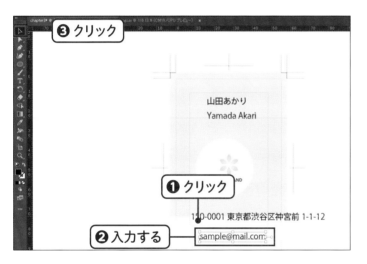

④ メールアドレスを入力する

図のような位置でクリックし❶、メールアドレスを入力します❷。入力ができたら、[選択]ツール ▷ をクリックします❸。

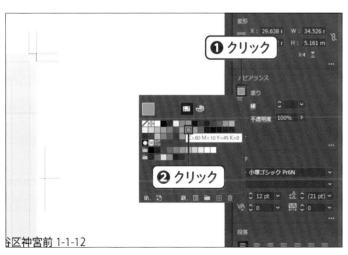

⑤ 文字の色を設定する

メールアドレスが選択されている状態で、[プロパティ]パネルの[アピアランス]セクションから[塗り]をクリックし❶、[C=80 M=10 Y=45 K=0] ■ をクリックします❷。

81

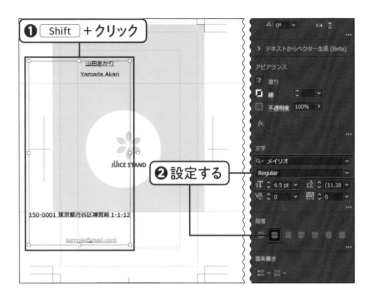

6 文字を設定する

Shift キーを押しながら名前と住所をクリックし❶、文字全てを選択します。[プロパティ]パネルの[文字]セクションと[段落]セクションを、以下のように設定します❷。

	Windows	Mac
フォントファミリ	メイリオ	ヒラギノ角ゴ Pro
フォントスタイル	Regular	W3
フォントサイズ	6.5pt	
段落	■（中央揃え）	

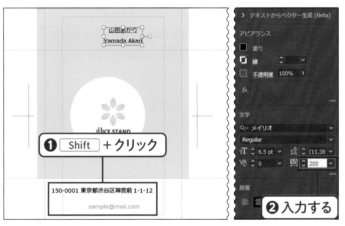

7 名前の文字間隔を広げる

Shift キーを押しながら住所とメールアドレスをクリックして選択を解除し❶、名前だけが選択されている状態にします。[プロパティ]パネルの[文字]セクションから、[文字のトラッキング]に「200」と入力して❷、 Enter （Macの場合は return ）キーを押します。

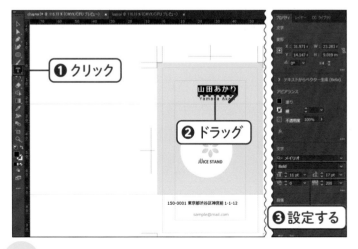

8 文字の一部を編集する

[文字]ツール T をクリックし❶、名前の上をなぞるようにドラッグします❷。[プロパティ]パネルの[文字]セクションを、以下のように設定します❸。

	Windows	Mac
フォントスタイル	Bold	W6
フォントサイズ	11pt	
行送り	17pt	

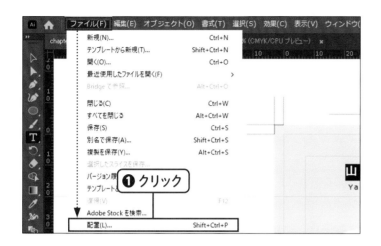

9 配置する画像を選択する

[ファイル]メニュー→[配置]の順にクリックし❶、
[配置]ダイアログボックスを表示します。

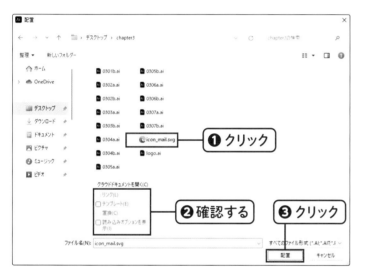

10 項目を確認する

[デスクトップ]の[chapter3]フォルダの[icon_
mail.svg]をクリックします❶。すべての項目に
チェックがついていないことを確認し❷、[配置]
ボタンをクリックします❸。

11 画像を配置する

選択した画像がマウスカーソルの横に表示されま
した。メールアドレスの左側でクリックして画像を
配置します❶。[選択]ツール ▶ をクリックし❷、
必要に応じて位置を調整します。

Lesson 07

整列させよう

整列機能を使うと、図形や文字をぴったりと整列することができます。ここでは名刺の文字情報を整列させる方法を学びます。

練習ファイル 0307a.ai　完成ファイル 0307b.ai

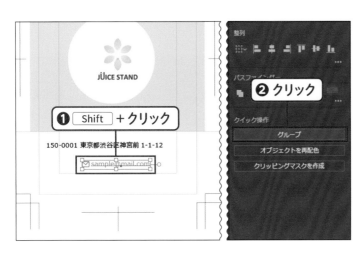

① 文字と画像をグループ化する

画像が選択されている状態で、[Shift]キーを押しながらメールアドレスをクリックして選択します❶。[プロパティ]パネルの[クイック操作]セクションから[グループ]をクリックします❷。

② メールアドレスの位置を調整する

グループ化したメールアドレスが選択されている状態で、バウンディングボックスの下が内側の長方形のガイドに合うように、ドラッグして位置を調整します❶。

MEMO

必要に応じて住所の上下の位置も調整しましょう。

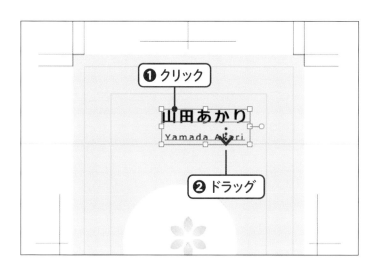

3 名前の位置を調整する

名前をクリックして❶、バウンディングボックスの下が20mmの位置のガイドに合うように、ドラッグして位置を調整します❷。

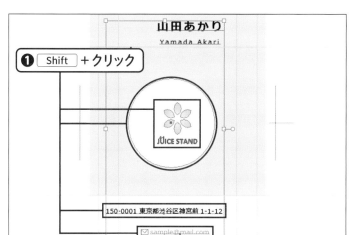

4 文字とロゴと装飾を選択する

名前が選択されている状態で、Shift キーを押しながらロゴ、丸い装飾、住所、メールアドレスをクリックして選択します❶。

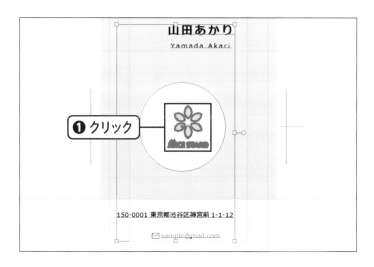

5 基準を設定する

すべての文字とロゴが選択されている状態で、ロゴをもう一度クリックします❶。ロゴのパスが太く表示され、整列の基準として設定されます。これを「キーオブジェクト」と言います。

6 中央に整列させる

[プロパティ] パネルの [整列] セクションから [水平方向中央に整列] ボタン ▣ をクリックします❶。キーオブジェクトに設定したロゴを基準に、中央で整列します。

7 文字をアウトライン化する

[書式] メニュー→ [アウトラインを作成] の順にクリックし❶、文字をアウトライン化します。

> **MEMO**
> 印刷所に入稿する前に文字をアウトライン化しておくと、フォントや文字の設定が変更されてしまうのを防ぐことができます（P.59を参照）。

8 名刺の完成

これで名刺の完成です。実際にはトリムマークを目印に、図のように裁断されます。画面の空白をクリックし❶、選択を解除したらP.38 〜 P.39の方法で保存しておきましょう。

Chapter

4

地図をつくろう

Chapter 4では、道路や駅を描いて地図をつくります。操作を通して、ペンツールできれいな直線や曲線を描く方法と、描いた線を修正する方法を身につけます。また、複数の画像を効率的に配置する方法も学びます。

地図をつくろう

完成イメージ

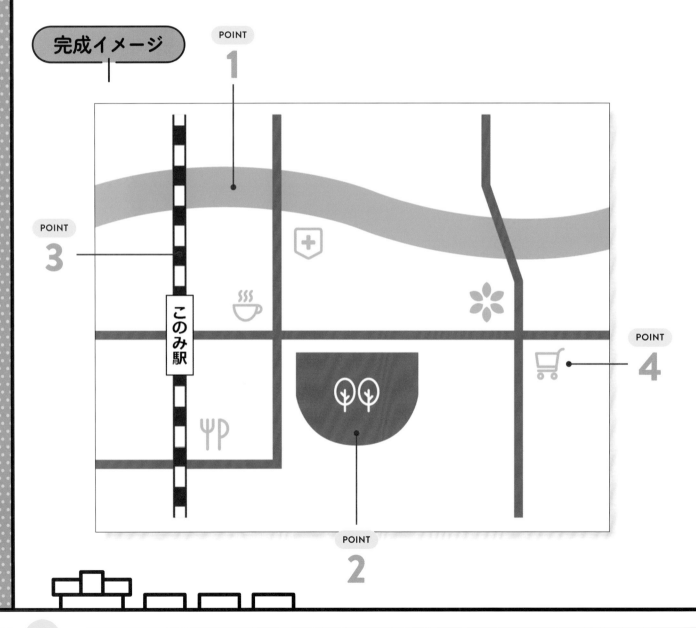

POINT

1 直線と曲線を描く → P.94

ペンツールを使って線を描きます。操作を少し変えることでさまざまな線が描けます。

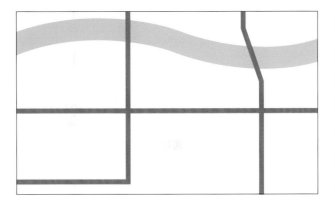

POINT

2 直線と曲線を組み合わせて描く → P.100

直線と曲線を組み合わせた線を描きます。始点と終点をつなげて図形にします。

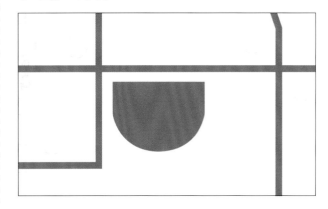

POINT

3 線路を描く → P.102

アピアランスパネルを使い、2本の異なる線を重ねて線路を描きます。

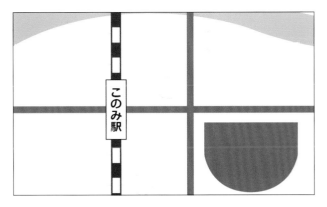

POINT

4 複数の画像を配置する → P.106

「配置」機能を使って複数の画像を選択し、効率的に配置します。

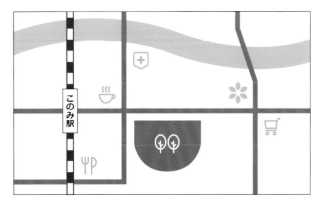

Lesson 01

下絵を配置しよう

はじめに地図の下絵をアートボードに配置します。さらに、下絵と地図を描く場所をレイヤーに分ける方法を学びます。

練習ファイル　なし　　完成ファイル　0401b.ai

1 新規ドキュメントを作成する

[ファイル]メニュー→[新規]の順にクリックします。[新規ドキュメント]ダイアログボックスが表示されるので[印刷]タブの[A4]を選択し❶、[プリセットの詳細]に「chapter4」と入力します❷。横方向アイコン ▥ をクリックしてアートボードを横向きに設定し❸、[作成]ボタンをクリックします❹。

2 レイヤーパネルを表示する

右側のパネルの[レイヤー]パネルのタブをクリックし❶、前面に表示します。[レイヤー1]と名前のついたレイヤーがすでに作成されています。

> **MEMO**
>
> [レイヤー]パネルが表示されていない場合は、[ウィンドウ]メニュー→[レイヤー]の順にクリックして表示します。レイヤーについてはP.93を参照。

③ 下絵を配置する

地図の下絵を配置します。[ファイル] メニュー→
[配置]の順にクリックし❶、[配置]ダイアログボックスを表示します。

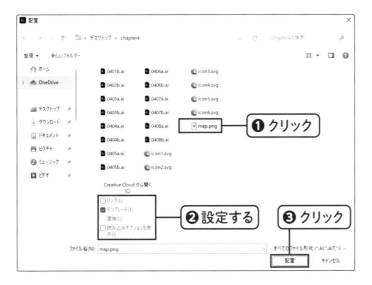

④ ファイルを選択する

[デスクトップ]の[chapter4]フォルダーの[map.png]をクリックします❶。[テンプレート]にのみチェックがつくように設定し❷、[配置]ボタンをクリックします❸。

MEMO

あらかじめ[chapter4]フォルダーをデスクトップにコピーしてください。

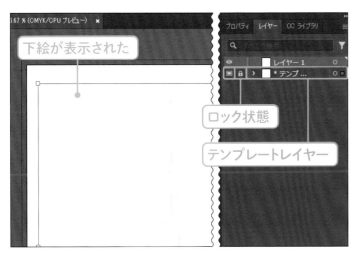

⑤ 下絵が配置された

アートボードに下絵が配置され、[レイヤー]パネルには「テンプレートレイヤー」が追加されました。🔒は、このレイヤーを誤って操作しないようにロックがかかっていることを表します。

MEMO

下絵がアートボードの中心に配置されなかった場合は🔒をクリックしてロックを解除し、[選択]ツールで下絵を移動してからロックをかけ直しましょう。

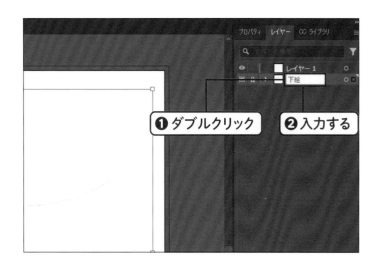

6 レイヤー名を変更する ①

わかりやすいようにレイヤー名を変更しましょう。
テンプレートレイヤーの名前をダブルクリックする
と❶、名前が編集できるようになります。「下絵」
と書き換えて❷、 Enter （Macの場合は return ）
キーを押します。

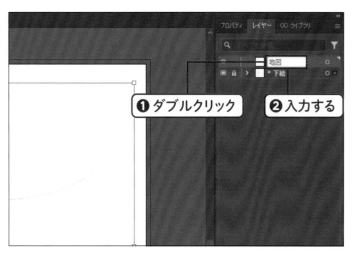

7 レイヤー名を変更する ②

同じように［レイヤー1］の名前をダブルクリックし
❶、「地図」と書き換えて❷、 Enter （Macの場合
は return ）キーを押します。

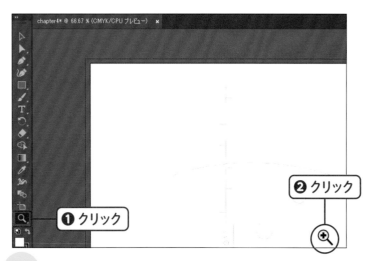

8 画面を拡大する

操作がしやすいように画面を拡大します。［ズーム］
ツール 🔍 をクリックし❶、下絵の中心をクリック
します❷。

レイヤーを学ぼう

Chapter 4では、下絵を配置する「下絵」レイヤーと、地図を描く「地図」レイヤーの2つに分けて作業をおこないます。レイヤーの操作は、[レイヤー]パネルを使います。下絵の配置には[テンプレート]レイヤーを使うと便利です。[テンプレート]レイヤーに配置した画像は、元の画像よりも薄く表示されるので、上からなぞりやすくなります。また、誤って移動してしまわないようにロックがかかります。このレイヤーは印刷されません。

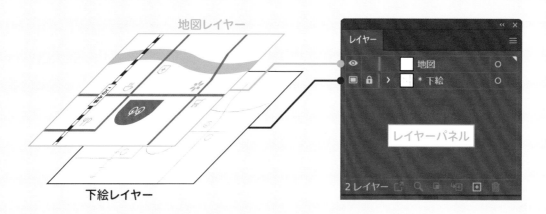

[レイヤー]パネルを使うと、レイヤーを自由に操作することができます。ここでは、5つの項目を見てみましょう。

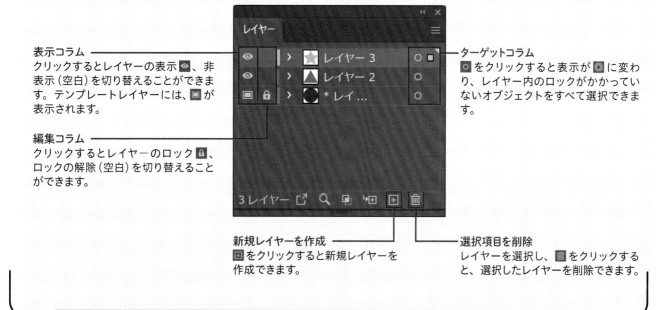

表示コラム
クリックするとレイヤーの表示 👁、非表示（空白）を切り替えることができます。テンプレートレイヤーには、◉ が表示されます。

編集コラム
クリックするとレイヤーのロック 🔒、ロックの解除（空白）を切り替えることができます。

ターゲットコラム
◎ をクリックすると表示が ◉ に変わり、レイヤー内のロックがかかっていないオブジェクトをすべて選択できます。

新規レイヤーを作成
⊞ をクリックすると新規レイヤーを作成できます。

選択項目を削除
レイヤーを選択し、🗑 をクリックすると、選択したレイヤーを削除できます。

Lesson 02

直線を描こう

ペンツールを使って直線道路を描きます。また、線の描画を終了する方法も学びます。

練習ファイル 0402a.ai　完成ファイル 0402b.ai

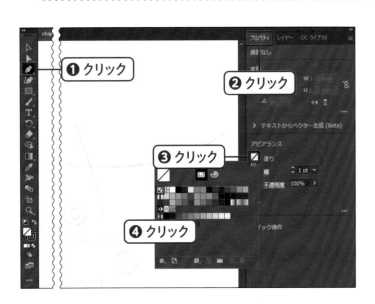

1 塗りを設定する

[ペン]ツール ✏ をクリックします❶。[プロパティ]パネルのタブをクリックして前面に表示し❷、[塗り]をクリックします❸。[なし] をクリックして設定し❹、 Enter （Macの場合は return ）キーを押してパネルを閉じます。

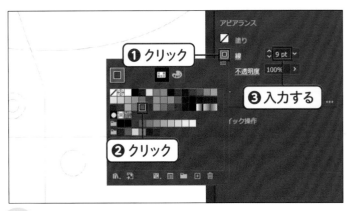

2 線を設定する

[プロパティ]パネルの[線]をクリックし❶、[C=50 M=50 Y=60 K=25] ■ をクリックします❷。次に、[線幅]に「9」と入力し❸、 Enter （Macの場合は return ）キーを押します。

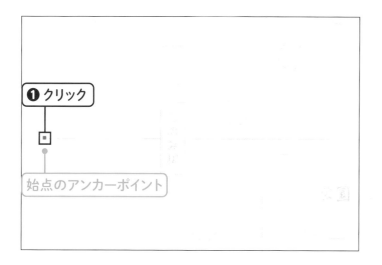

③ ペンツールで始点をクリックする

直線道路を描いていきます。「始点」をクリックすると❶、「アンカーポイント」と呼ばれる点が追加されます。

MEMO

［地図］レイヤーが選択されていない場合は、［レイヤー］パネルの［地図］レイヤーをクリックします。

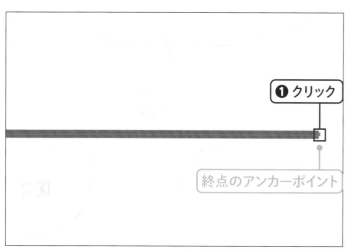

④ ペンツールで終点をクリックする

「終点」をクリックします❶。さらにアンカーポイントが追加され、点と点をつなぐようにパスが引かれて直線道路が描けました。

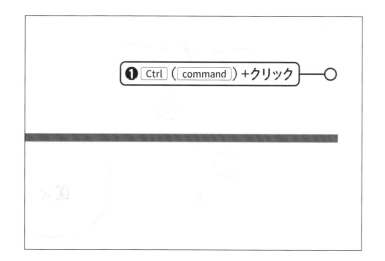

⑤ 描写を終了する

このままではクリックを続けると線がつながってしまうので、一度描画を終了します。Ctrl（Macの場合はcommand）キーを押しながら画面の空白をクリックし❶、描画を終了します。

MEMO

別のツールをクリックしても描画を終了することができます。

Lesson 03

曲線を描こう

ペンツールを使って曲線を描く方法を学びます。マウスをドラッグし、ハンドルを操作することできれいな曲線が描けます。

練習ファイル 0403a.ai 　完成ファイル 0403b.ai

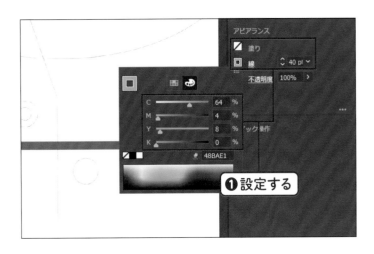

1 線を設定する

[プロパティ] パネルの [アピアランス] セクションから [塗り] と [線] を以下のように設定します❶。

塗りのカラー	なし						
線のカラー	C	64	M	4	Y	8	K	0
線幅	40pt						

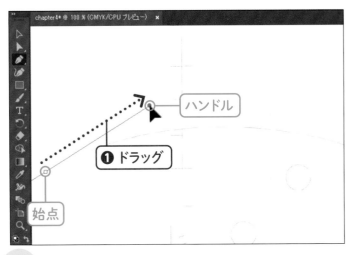

2 ペンツールで始点を
ドラッグする

[ペン] ツール で、川の「始点」から右上方向にドラッグします❶。アンカーポイントが追加され、両端にハンドルが伸びたらマウスを離します。

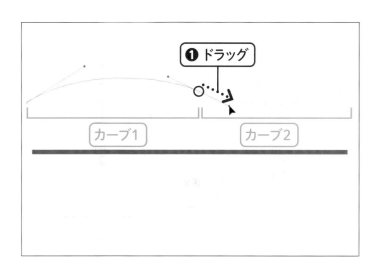

3 カーブ1を描く

図のように、カーブ1とカーブ2の間をクリックして右下方向にドラッグします❶。アンカーポイントとハンドルが追加され、カーブ1が描けます。

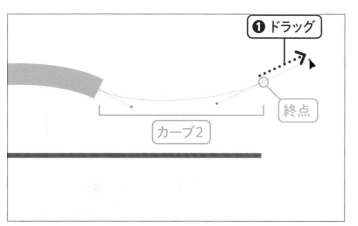

4 カーブ2を描く

図のように「終点」でクリックしたまま右上方向にドラッグします❶。アンカーポイントとハンドルが追加され、カーブ2が描けます。

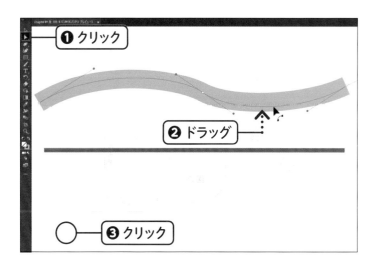

5 カーブを修正する

[ダイレクト選択] ツール ▶ をクリックし❶、マウスカーソルをパスの上に合わせます。 ▶ が表示されたところでドラッグして修正してみましょう❷。修正が終わったら空白をクリックして選択を解除します❸。

(MEMO)

[ダイレクト選択] ツールで曲線のパスをドラッグすると、前後のハンドルを同時に修正できます。

Lesson 04

折れ線を描こう

折れ曲がった直線を描く方法を学びます。ペンツールを使って角を順にクリックすることで、さまざまな折れ線を描くことができます。

練習ファイル 0404a.ai　完成ファイル 0404b.ai

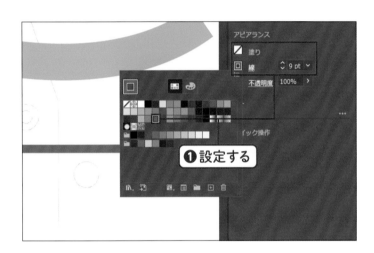

1 線を設定する

[プロパティ]パネルの[塗り]と[線]を以下のように設定します❶。

塗りのカラー	なし						
線のカラー	C	50	M	50	Y	60	K	25
線幅	9pt						

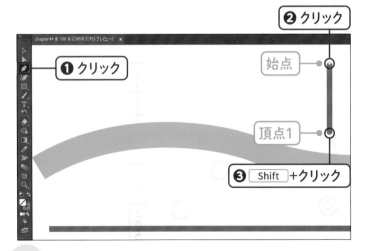

2 垂直な線を描く

[ペン]ツール をクリックし❶、「始点」をクリックします❷。 Shift キーを押しながら「頂点1」をクリックします❸。

> **MEMO**
> Shift キーを押しながらクリックすると、角度を45°刻みに固定して線が描けます。

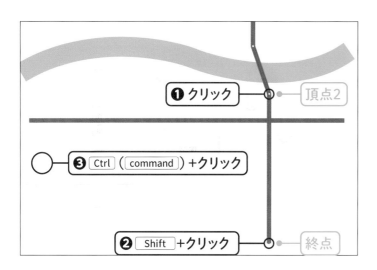

③ 終点までクリックする

「頂点2」をクリックし❶、続けて Shift キーを押しながら「終点」をクリックします❷。折れ曲がった道路が描けたら、Ctrl（Macの場合は command ）キーを押しながら画面の空白をクリックします❸。

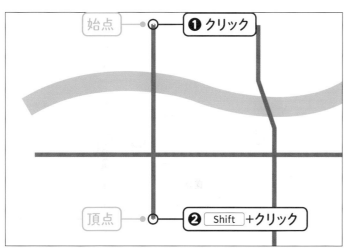

④ L字の線を描く ①

次にL字道路を描きます。[ペン]ツール 🖊 で「始点」をクリックし❶、Shift キーを押しながら「頂点」をクリックします❷。

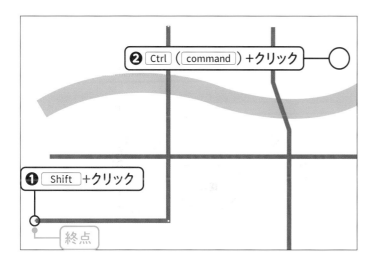

⑤ L字の線を描く ②

Shift キーを押しながら「終点」をクリックします❶。クリックした頂点をつなぐように、L字道路が描けました。Ctrl（Macの場合は command ）キーを押しながら画面の空白をクリックし❷、描画を終了します。

Lesson 05
直線と曲線を組み合わせよう

ペンツールを使って、直線と曲線を組み合わせて図形を描く方法を学びます。

練習ファイル 0405a.ai 完成ファイル 0405b.ai

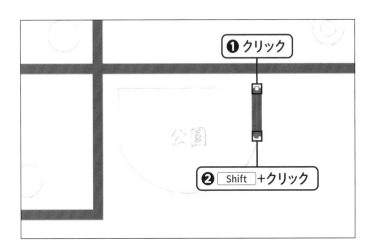

1 直線でコーナーを描く

[ペン]ツール ✒ で「始点」をクリックします❶。
Shift キーを押しながら「頂点1」をクリックしま
す❷。

> **MEMO**
> 線の設定についてはP.98を参照。

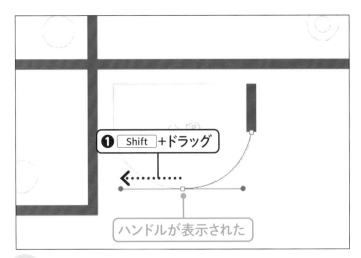

2 曲線を描く

下書きの曲線の一番低い部分にマウスカーソルを
合わせます。クリックしたまま離さずに、Shift
キーを押しながら図のようにドラッグします❶。

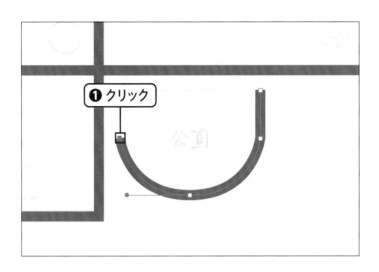

③ 曲線の続きを描く

曲線の終わりの「頂点2」をクリックすると❶、アンカーポイントが追加され、左半分の曲線が描けます。

(MEMO)

思ったところに線が描けない場合は、手順❹までの操作をおこなってからアンカーポイントとハンドルを調整しましょう。

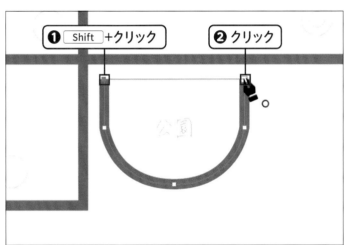

④ 始点と終点をつなげる

Shift キーを押しながら「頂点3」をクリックし❶、続けて最初に描いたアンカーポイントの上にマウスカーソルを合わせます。 🖎 が表示されたところでクリックすると❷、「始点」と「終点」がつながります。

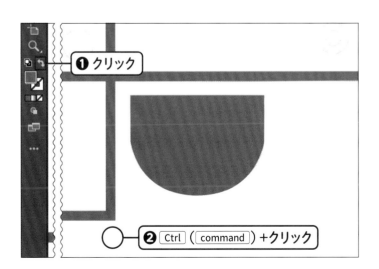

⑤ 塗りと線を入れ替える

[塗りと線を入れ替え]ボタン 🔁 をクリックし❶、塗りと線の設定を入れ替えます。直線と曲線を組み合わせて公園が描けました。 Ctrl（Macの場合は command ）キーを押しながら画面の空白をクリックし❷、選択を解除します。

Lesson 06

線路を描こう

アピアランスパネルを使うと、1つのパスに対して複数の線を設定することができます。1つのパスに2本の線を設定し、線路を描く方法を学びます。

練習ファイル 0406a.ai 　完成ファイル 0406b.ai

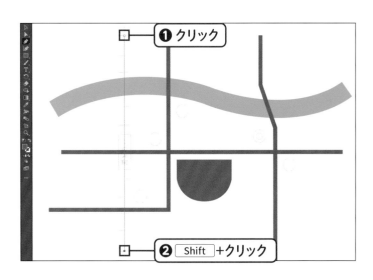

1 パスを描く

[ペン] ツール 🖊 で、線路の「始点」をクリックします❶。次に Shift キーを押しながら「終点」をクリックし❷、垂直な線を描きます。

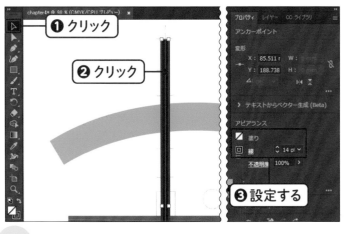

2 線を設定する

[選択] ツール ▷ をクリックし❶、パスをクリックして選択します❷。次に [プロパティ] パネルの [アピアランス] セクションから [塗り] と [線] を以下のように設定します❸。

塗りのカラー	なし							
線のカラー	C	0	M	0	Y	0	K	90
線幅	14pt							

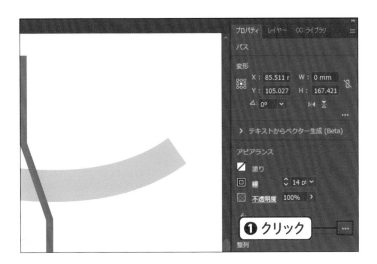

③ アピアランスパネルを表示する

[プロパティ]パネルの[アピアランス]セクションから[アピアランスパネルを開く] ••• をクリックし❶、[アピアランス]パネルを開きます。

> **MEMO**
>
> [アピアランス]パネルは[ウィンドウ]メニュー→[アピアランス]からも開くことができます。

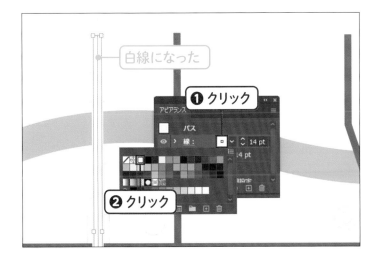

④ 線を追加する

パスに設定した「線」と「塗り」の情報が表示されています。[アピアランス]パネルの左下にある[新規線を追加]ボタン □ をクリックし❶、パスに対してもう1本線を追加します。

⑤ 白線に変更する

追加した線を白線に変更します。[アピアランス]パネルに追加された[線]の[スウォッチパネル]をクリックします❶。[スウォッチ]パネルの[ホワイト] □ をクリックし❷、[Enter]（Macの場合は[return]）キーを押してパネルを閉じます。

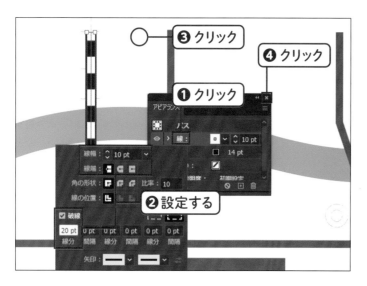

6 細い破線に変更する

［線］のテキストリンクをクリックし❶、［線］パネルを表示します。以下のように設定し❷、Enter（Macの場合はreturn）キーを押してパネルを閉じます。画面の空白をクリックして選択を解除し❸、［アピアランス］パネルは ✕ をクリックして閉じておきます❹。

線幅	10pt	破線	チェックあり
線端	線端なし	線分	20pt

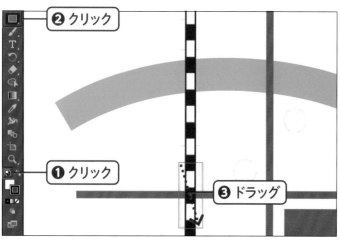

7 長方形を描く

2本の線を重ねた線路が描けました。次に駅を追加します。［初期設定の塗りと線］ボタン 🔳 をクリックし❶、［塗り］を白、［線］を黒に設定します。［長方形］ツール ▢ をクリックし❷、下絵の駅に合わせてドラッグして❸、長方形を描きます。

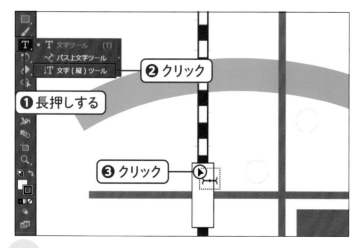

8 文字ツールを選択する

［文字］ツール T を長押しし❶、［文字（縦）］ツール ⊺ をクリックします❷。次に、図のような位置にマウスカーソルを合わせ、↦ が表示されたところでクリックします❸。

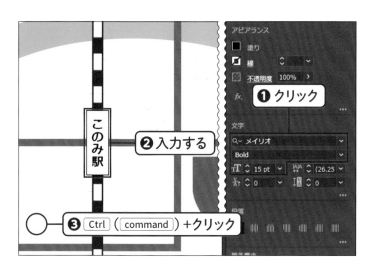

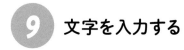 **文字を入力する**

[プロパティ]パネルの[文字]セクションを以下のように設定し❶、「このみ駅」と入力します❷。Ctrl（Macの場合はcommand）キーを押しながら画面の空白をクリックし❸、選択を解除します。

	Windows	Mac
フォントファミリ	メイリオ	ヒラギノ角ゴ Pro
フォントスタイル	Bold	W6
フォントサイズ	15pt	

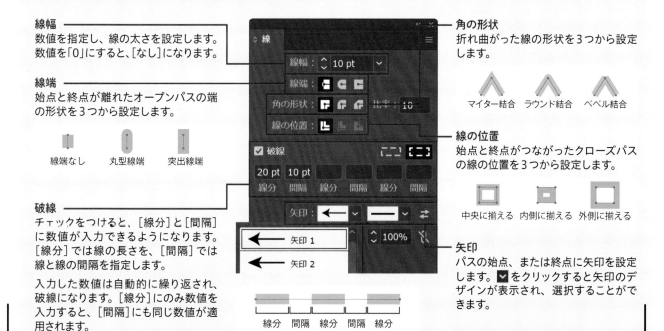

CHECK

線の設定を知ろう

線の詳しい設定を使うと、描いた線にさまざまな設定をおこなうことができます。[線]パネルは、手順❻のように[アピアランス]パネルから開くこともできますが、[ウィンドウ]メニュー→[線]の順にクリックしても表示できます。■から[オプションを表示]を選択すると、オプションの設定項目を表示できます。
ここでは、[線]パネルの6つの設定項目を見てみましょう。

線幅
数値を指定し、線の太さを設定します。
数値を「0」にすると、[なし]になります。

線端
始点と終点が離れたオープンパスの端の形状を3つから設定します。

線端なし　丸型線端　突出線端

破線
チェックをつけると、[線分]と[間隔]に数値が入力できるようになります。[線分]では線の長さを、[間隔]では線と線の間隔を指定します。

入力した数値は自動的に繰り返され、破線になります。[線分]にのみ数値を入力すると、[間隔]にも同じ数値が適用されます。

線分　間隔　線分　間隔　線分

角の形状
折れ曲がった線の形状を3つから設定します。

マイター結合　ラウンド結合　ベベル結合

線の位置
始点と終点がつながったクローズパスの線の位置を3つから設定します。

中央に揃える　内側に揃える　外側に揃える

矢印
パスの始点、または終点に矢印を設定します。■をクリックすると矢印のデザインが表示され、選択することができます。

Lesson 07

アイコンを配置しよう

地図に目印となるお店のアイコンを配置します。配置を使うと複数の画像を読み込んで、効率的に配置することができます。

練習ファイル　0407a.ai　　完成ファイル　0407b.ai

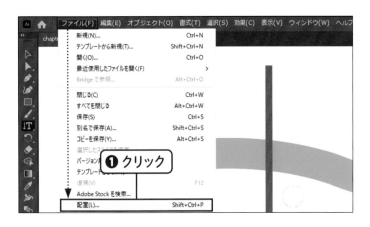

1 配置する画像を選択する

［ファイル］メニュー→［配置］の順にクリックし❶、
［配置］ダイアログボックスを表示します。

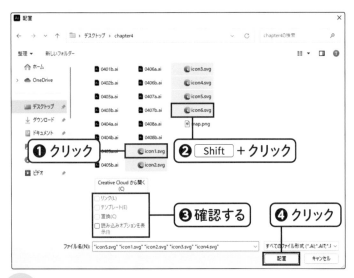

2 配置する画像を選択する

デスクトップの［chapter4］フォルダーの［icon1.svg］をクリックし❶、［Shift］キーを押しながら
［icon6.svg］をクリックして選択します❷。すべての項目にチェックがついていないことを確認し❸、
［配置］ボタンをクリックします❹。

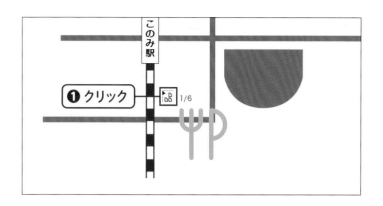

③ 画像を配置する

選択した画像がマウスカーソルの右下に表示されました。[1/6]と表示されているのは、6つの画像が選択されており、1つ目の画像の配置をおこなうことを意味します。図のように下絵の左上でクリックすると、1つ目の画像が配置されます❶。

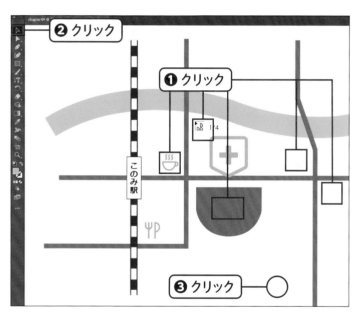

④ 画像を選択し配置する

残りの画像も配置します。⬆️⬇️キーを押すと、配置する画像が切り替わります。P.88の完成図を参考に、下絵に合わせてクリックし❶、画像を並べてみましょう。すべて配置できたら[選択]ツール ⬆️ をクリックし❷、画面の空白をクリックして❸、選択を解除します。

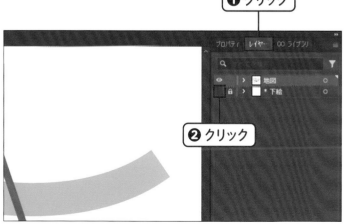

⑤ 下絵を非表示にする

[レイヤー]パネルのタブをクリックして前面に表示し❶、[下絵]レイヤーの表示コラムの 🔲 をクリックして❷、下絵を非表示にします。

> **MEMO**
>
> [地図]レイヤーが展開されている場合は、✔️をクリックすると格納できます。

Lesson 08

地図を型抜きしよう

クリッピングマスクを使うと好きな形に型抜きができます。長さがバラバラの線を長方形に型抜きし、地図をきれいに見やすくします。

練習ファイル 0408a.ai　　完成ファイル 0408b.ai

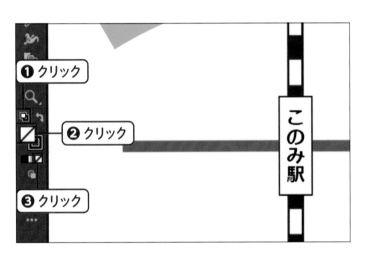

1 塗りと線を設定する

[初期設定の塗りと線] ボタン □ をクリックし❶、[塗り] ボックスをクリックして前面に表示し❷、[なし] ボタン ∅ をクリックします❸。

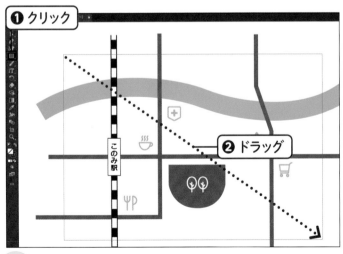

2 長方形を書く

[長方形] ツール □ をクリックし❶、図のようにドラッグして❷、型抜きしたい大きさの長方形を描きます。

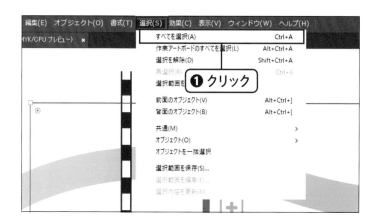

③ すべてを選択する

［選択］メニュー→［すべてを選択］の順にクリックし❶、地図と長方形すべてを選択します。

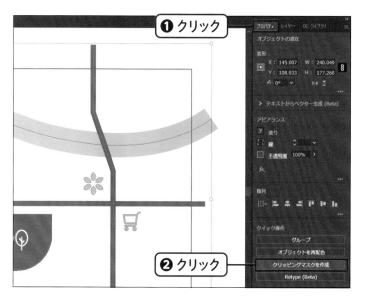

④ クリッピングマスクを作成する

すべて選択されている状態で、［プロパティ］パネルのタブをクリックして前面に表示し❶、［プロパティ］パネルの［クイック操作］セクションから［クリッピングマスクを作成］をクリックします❷。

MEMO

クリッピングマスクを解除するには、［オブジェクト］メニュー→［クリッピングマスク］→［解除］の順にクリックします。

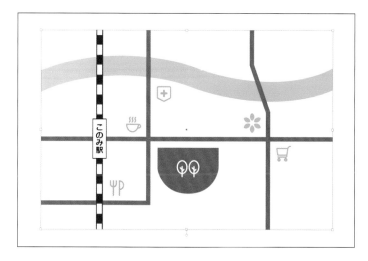

⑤ クリッピングマスクができた

手順❷で描いた長方形に地図が型抜きされました。これで地図の完成です。P.38 ～ P.39の方法で保存します。

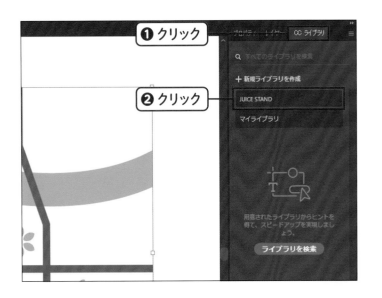

6 [CCライブラリ] パネルを開く

地図をCCライブラリに保存します。右側のパネルの[CCライブラリ] パネルのタブをクリックし❶、前面に表示します。Chapter 2で制作した[JUICE STAND]をクリックします❷。

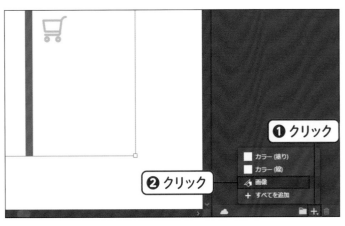

7 [CCライブラリ] に追加する

地図が選択されている状態で、[CCライブラリ] パネルの下部にある ➕ ボタンをクリックし❶、[画像] をクリックします❷。

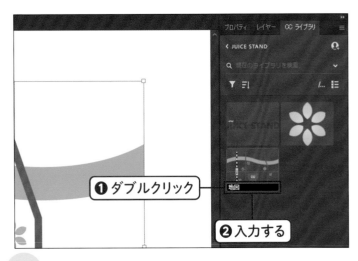

8 名前を変更する

ライブラリに地図が追加されました。[アートワーク1] となっている文字をダブルクリックし❶、「地図」と入力して❷、 Enter （Macの場合は return ）キーを押します。

Chapter

5

ポストカードをつくろう

Chapter 5では、お店のDMをつくります。操作を通して、Illustratorに搭載されているパターン、効果、クリッピングマスクといった機能の使い方を身につけます。また、これまでに制作したロゴや地図をCCライブラリから配置する方法も学びます。

ポストカードをつくろう

完成イメージ

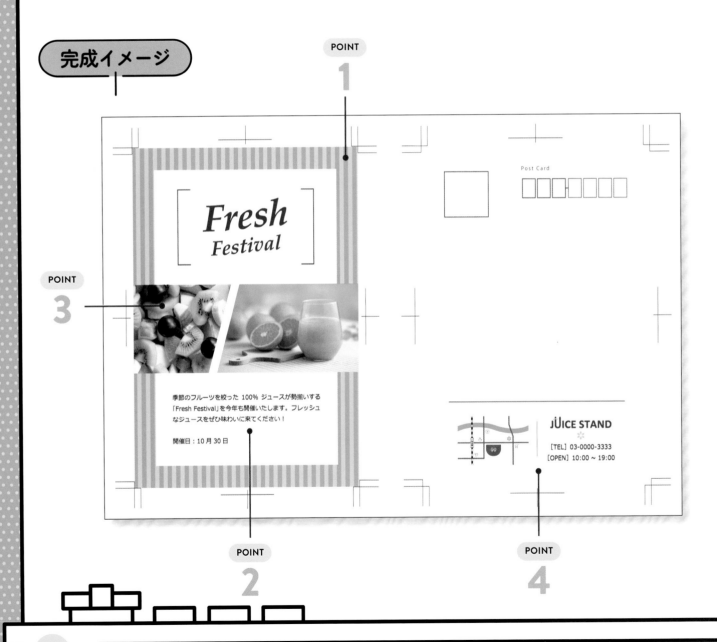

POINT 1

POINT 2

POINT 3

POINT 4

POINT

1 背景のパターンをつくる ➡ P.116

パターンオプションを使って、長方形を並べたストライプの
パターンをつくり、ポストカードの背景に設定します。

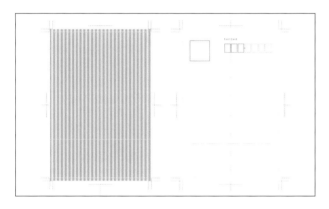

POINT

2 エリアに文字を流し込む ➡ P.124

文字を入れるエリアをつくり、そのエリア内に文章を流し込
みます。

POINT

3 写真を図形で型抜きする ➡ P.126

パスファインダーを使って2つの四角形をつくり、クリッピン
グマスクで写真を型抜きします。

POINT

4 CCライブラリの素材を 配置する ➡ P.130

これまでに制作してCCライブラリに保存したロゴや地図を配
置します。

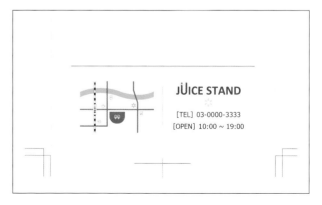

Lesson 01

別名で保存しよう

はじめに、ポストカードサイズのトリムマークとガイドが保存されているIllustratorファイルを開き、名前を変えて保存する方法を学びます。

練習ファイル なし　　完成ファイル 0501b.ai

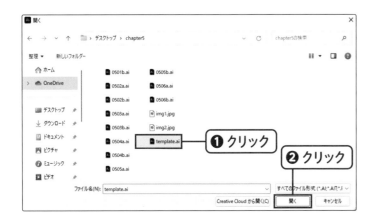

1 ファイルを開く

[ファイル]メニュー→[開く]の順にクリックします。[開く]ダイアログボックスが表示されるので、[デスクトップ]の[chapter5]フォルダーの[template.ai]をクリックし❶、[開く]ボタンをクリックします❷。

MEMO

あらかじめ[chapter5]フォルダーをデスクトップにコピーしてください。

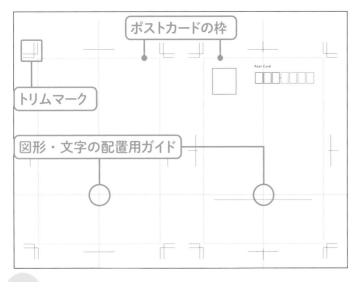

2 ファイルが開いた

ファイルが開き、アートボードが表示されました。外側のガイドはポストカードの枠になります。すでに引かれているガイドは、図形や文字の配置の目安に使用します。

MEMO

トリムマークとガイドの作成方法はP.68〜P.73を参照。

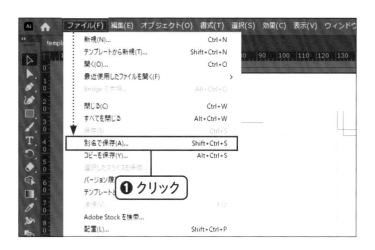

名前を変えて保存する

ファイルの名前を変えて保存します。［ファイル］
メニュー→［別名で保存］をクリックします❶。

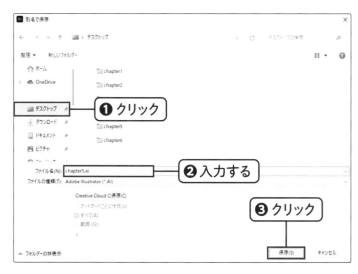

保存場所を指定する

［別名で保存］ダイアログボックスが表示されたら
［デスクトップ］をクリックし❶、保存場所を指定
します。［ファイル名］（Macの場合は［名前］）に
「chapter5.ai」と入力し❷、［保存］ボタンをクリッ
クします❸。

Illustratorオプションを
設定する

［Illustratorオプション］ダイアログボックスが表
示されるので、バージョンを確認して❶、［OK］
ボタンをクリックします❷。指定した場所に
「chapter5.ai」ファイルが保存されます。

Lesson 02

パターンをつくろう

パターンオプションパネルを使うと、図形を上下左右に並べてパターンをつくることができます。ここでは長方形を並べてストライプ模様をつくる方法を学びます。

練習ファイル 0502a.ai　　完成ファイル 0502b.ai

1 スウォッチパネルを表示する

[ウィンドウ]メニュー→[スウォッチ]の順にクリックし❶、[スウォッチ]パネルを表示します。[スウォッチ]パネルが表示されたら、パネル下部の ▟▟▟▟▟ を下方向にドラッグし❷、パネルを広げます。

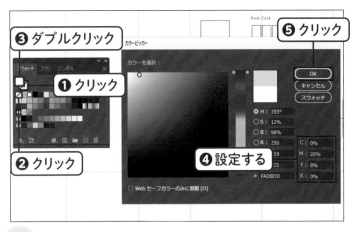

2 線と塗りを設定する

[スウォッチ]パネルの[線]ボックスをクリックして前面に表示し❶、[なし]のボタン ▨ をクリックします❷。次に、[塗り]ボックスをダブルクリックして❸、以下のように設定し❹、[OK]ボタンをクリックします❺。

C	0	M	20	Y	8	K	0

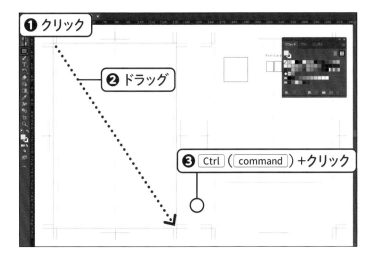

③ 背景の下地を描く

[長方形]ツール ▣ をクリックし❶、トリムマークの左上の角から右下の角までドラッグします❷。長方形が描けたら、Ctrl (Macの場合は command)キーを押しながら画面の空白をクリックし❸、選択を解除します。

> **MEMO**
>
> 背景はポストカードの枠を3mm以上はみ出して描くのがポイントです。万が一裁断がずれても、色が途切れてしまうことを防ぎます。

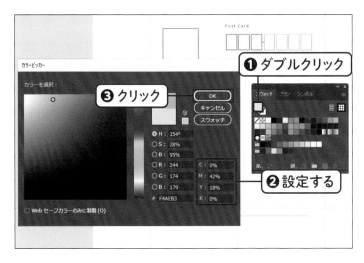

④ 塗りを設定する

[スウォッチ] パネルの [塗り] ボックスをダブルクリックし❶、以下のように設定して❷、[OK]ボタンをクリックします❸。

C	0	M	42	Y	18	K	0

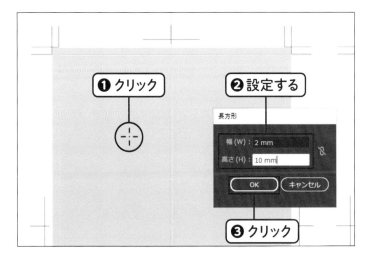

⑤ 長方形を描く

パターンの元となる長方形を描きます。[長方形]ツール ▣ で、アートボードをクリックします❶。[長方形]ダイアログボックスが表示されたら以下のように設定し❷、[OK]ボタンをクリックします❸。

幅	2mm
高さ	10mm

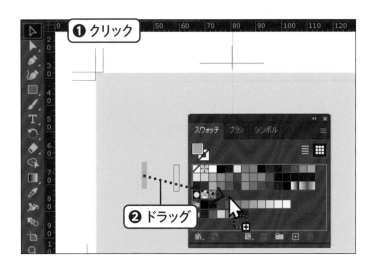

6 長方形をスウォッチパネルに登録する

［選択］ツール ▷ をクリックし❶、長方形を［スウォッチ］パネルの上にドラッグして❷、マウスカーソルの右下に［＋］が表示されたら指を離します。

MEMO

［スウォッチ］パネルに図形をドラッグ＆ドロップすると、［パターンスウォッチ］として登録できます。

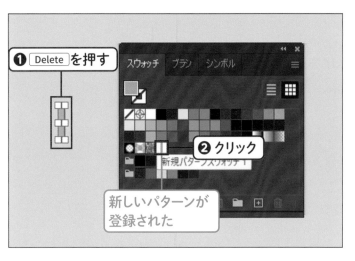

7 パターンが登録された

「新規パターンスウォッチ 1」と名前がついた［パターンスウォッチ］が登録されました。アートボードの長方形は Delete キーを押して削除します❶。次に、登録したばかりの［新規パターンスウォッチ 1］をクリックします❷。

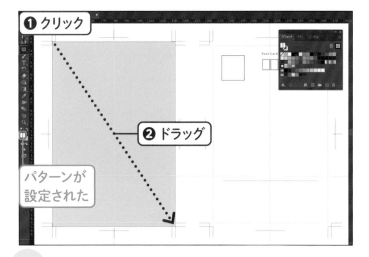

8 パターンで背景を描く

［塗り］にパターンが設定されました。［長方形］ツール ■ をクリックし❶、トリムマークの左上の角から右下の角までドラッグします❷。

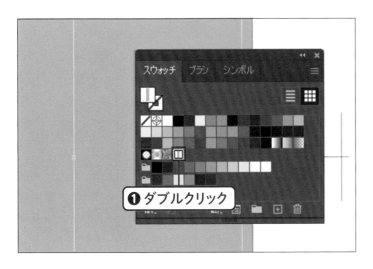

9　パターンを編集する

パターンで背景が描けました。単なるベタ塗りに見えるのは、パターンの長方形が上下左右隙間なく並べられているためです。長方形の左右に余白をつけてみましょう。[スウォッチ]パネルの[新規パターンスウォッチ 1]をダブルクリックします**❶**。

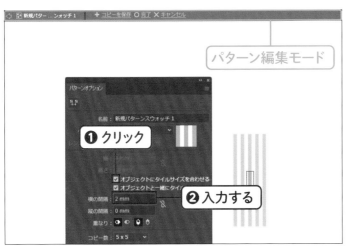

10　左右に余白をつける

[パターン編集モード]に切り替わりました。[パターンオプション]パネルの[オブジェクトにタイルサイズを合わせる]をクリックし**❶**、チェックをつけます。次に[横の間隔]に「2mm」と入力し**❷**、Enter（Macの場合はreturn）キーを押します。

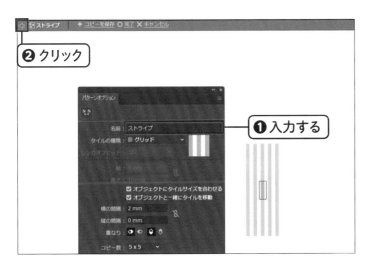

11　編集モードを終了する

長方形の左右に「1mm」ずつ、合わせて「2mm」の余白が空き、ストライプ模様になりました。[名前]に「ストライプ」と入力します**❶**。次に、[パターン編集モードを解除] をクリックし**❷**、編集モードを解除します。

Lesson 03

タイトルを描こう

効果を使うと、オブジェクトの見た目にさまざまな変化をつけることができます。ここでは「上昇」を使って、タイトルを描く方法を学びます。

練習ファイル 0503a.ai　　完成ファイル 0503b.ai

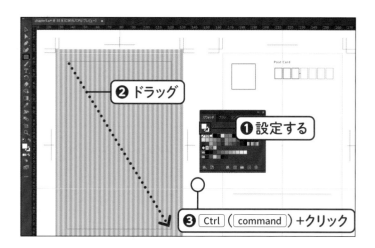

1 長方形を描く

[長方形]ツール ■ で、[スウォッチ]パネルの[塗り]ボックスを[ホワイト] □ に、[線]ボックスを[なし] ⬚ に設定します❶。図のように長方形のガイドの内側をドラッグして長方形を描きます❷。長方形が描けたら、Ctrl (Macの場合は command) キーを押しながら画面の空白をクリックし❸、選択を解除します。

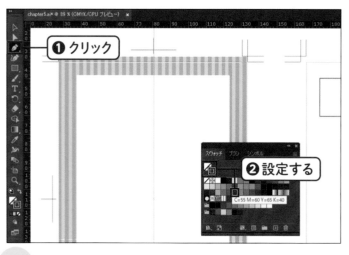

2 線と塗りを設定する

[ペン]ツール ✐ をクリックし❶、[スウォッチ]パネルの[塗り]ボックスを[なし] ⬚ に、[線]ボックスを[C=55 M=60 Y=65 K=40] ■ に設定します❷。

> **MEMO**
> [スウォッチ]パネルは邪魔にならない位置に移動しておくか、⊠ をクリックして閉じておきましょう。

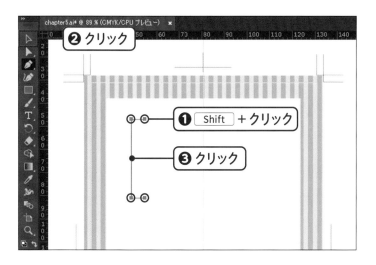

③ 装飾を描く

[ペン]ツール ✍ で、 Shift キーを押しながら図のように4箇所を右上から順番にクリックします❶。[選択]ツール ▷ をクリックして描画を終了し❷、装飾をクリックして選択します❸。

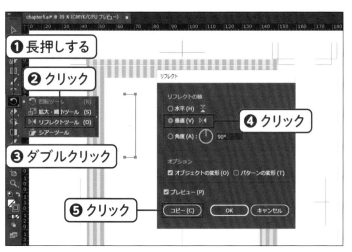

④ 反転して複製する

[回転]ツール ⟳ を長押しし❶、[リフレクト]ツール ▷◁ をクリックします❷。[リフレクト]ツール ▷◁ をダブルクリックし❸、[リフレクト]ダイアログボックスが表示されたら[垂直]にチェックを入れ❹、[コピー]ボタンをクリックします❺。

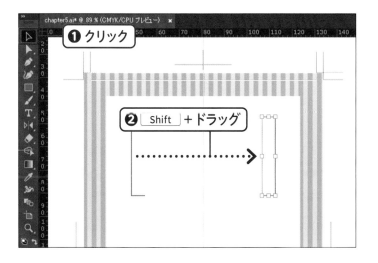

⑤ 装飾を移動する

[選択]ツール ▷ をクリックします❶。反転・複製した装飾を、 Shift キーを押しながら図のような位置までドラッグして移動させます❷。

MEMO

Shift キーを押しながらドラッグすると、水平・垂直・45度の移動ができます。

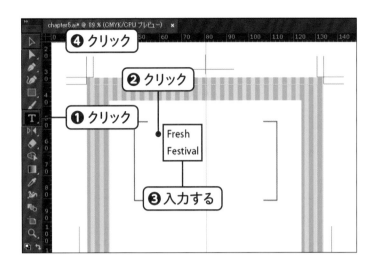

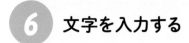 文字を入力する

[文字]ツール T をクリックします❶。図のような位置でクリックし❷、「Fresh Festival」と入力します❸。入力ができたら、[選択]ツール ▶ をクリックして、入力を終了します❹。

文字を設定する

文字が選択されている状態で、[プロパティ]パネルの[文字]セクションを以下のように設定します❶。

フォントファミリ	Palatino Linotype
フォントスタイル	Bold Italic
フォントサイズ	26pt
行送り	50pt

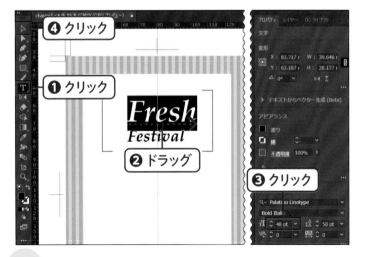

文字の一部を編集する

[文字]ツール T をクリックし❶、「Fresh」のみをドラッグして選択します❷。[プロパティ]パネルの[文字]セクションから[フォントサイズ]に「48pt」と入力します❸。「Fresh」のみが大きくなったら、[選択]ツール ▶ をクリックし❹、操作を終了します。

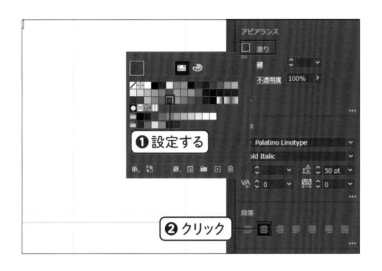

❶設定する

❷クリック

 文字を編集する

[プロパティ] パネルの [アピアランス] セクションから [塗り] を [C=55 M=60 Y=65 K=40] ■ に設定します❶。次に、[段落] セクションから [中央揃え] ボタン ≡ をクリックします❷。

❶クリック

効果をつける

文字が選択されている状態で、[効果] メニュー→ [ワープ] → [上昇] の順にクリックします❶。

❸クリック

❶設定する

❷クリック

項目を設定する

[ワープオプション] ダイアログボックスが表示されます。以下のように設定し❶、[OK] ボタンをクリックします❷。効果をつけられたら、画面の空白をクリックし❸、選択を解除しておきましょう。

スタイル	上昇（水平方向にチェック）
カーブ	6%

Lesson 04
エリア内に文章を流し込もう

ポストカードにメッセージを入力します。はじめに文章を入れるエリア（枠）をつくり、そのエリア内に文章を流し込む方法を学びます。

練習ファイル 0504a.ai　　完成ファイル 0504b.ai

1 文字の設定をする

[文字]ツール をクリックし❶、[プロパティ]パネルの[文字]セクションと[段落]セクションを以下のように設定します❷。

	Windows	Mac
フォントファミリ	メイリオ	ヒラギノ角ゴ Pro
フォントスタイル	Regular	W3
フォントサイズ	8pt	
行送り	14pt	
段落	■（均等配置（最終行左揃え））	

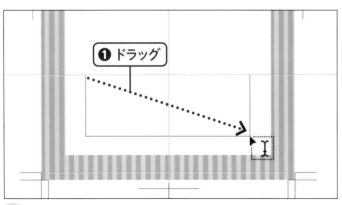

2 文章のエリアをつくる

[文字]ツール で図のような位置でドラッグし❶、テキストエリアを作成します。

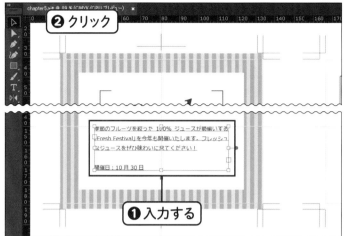

3 文章を入力する

図を参考に文章を入力します❶。入力ができたら、[選択]ツール ▷ をクリックし❷、入力を終了します。

┌─ MEMO ─┐

文字が見えにくい場合は、P.112の完成イメージを参照。

4 色を設定する

文章が選択されている状態で、[プロパティ]パネルの[アピアランス]セクションから[塗り]を[C=50 M=70 Y=80 K=70] ■ に設定します❶。画面の空白をクリックし❷、選択を解除しておきます。

─── CHECK ───

トリムマークとは

「トリムマーク」とは、印刷物を裁断する際の目安となる線です。トリムマークの内側と外側の間隔は通常3mmと言われており、内側を結んだものが仕上がりになります。この3mmの間隔は裁ち落としのための塗り足し部分です。この塗り足しがあることで、裁断がずれてしまった場合でも色が途切れることなくきれいに仕上がります。

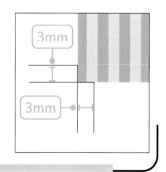

Lesson 05

写真を図形で型抜きしよう

クリッピングマスクを使うと、図形や写真などを前面に配置した図形で型抜きすることができます。ここでは2枚の写真を型抜きする方法を学びます。

練習ファイル 0505a.ai 　完成ファイル 0505b.ai

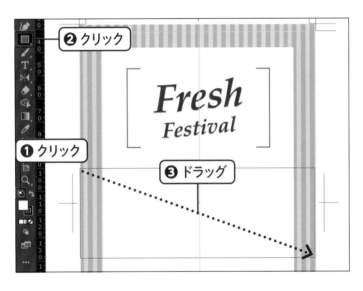

1 長方形を描く

ツールバーの[初期設定の線と塗り] 🔲 をクリックします❶。次に[長方形]ツール 🔲 をクリックし❷、図のような位置でドラッグして❸、長方形を描きます。

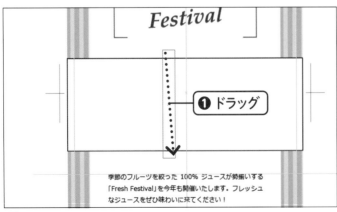

2 重ねて長方形を描く

図のような位置でドラッグし❶、手順❶で描いた長方形に重なるようにもう1つ長方形を描きます。

③ 長方形を変形する

[リフレクト]ツール ▷◁ を長押しし❶、[シアー]ツール ⤴ をクリックします❷。[シアー]ツール ⤴ をダブルクリックし❸、[シアー]ダイアログボックスが表示されたら、以下のように設定して❹[OK]ボタンをクリックします❺。

シアーの角度	15°
方向	水平にチェック

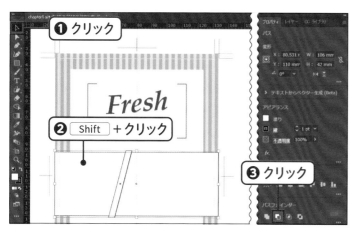

④ 長方形を型抜きする

[選択]ツール ▷ をクリックし❶、変形した長方形が選択されている状態で、[Shift]キーを押しながらもう1つの長方形をクリックして選択します❷。[プロパティ]パネルの[パスファインダー]セクションから[前面オブジェクトで型抜き]ボタン ⬚ をクリックします❸。

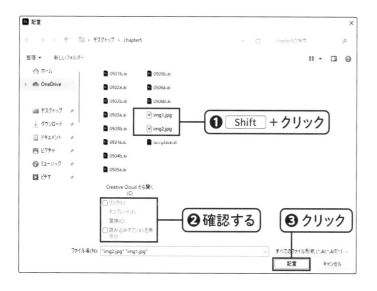

⑤ 写真を選択する

[ファイル]メニュー→[配置]の順にクリックし、[配置]ダイアログボックスを表示します。[デスクトップ]の[chapter5]フォルダーの[img1.jpg]と[img2.jpg]を[Shift]キーを押しながらクリックして選択し❶、すべての項目にチェックがついていないことを確認して❷[配置]ボタンをクリックします❸。

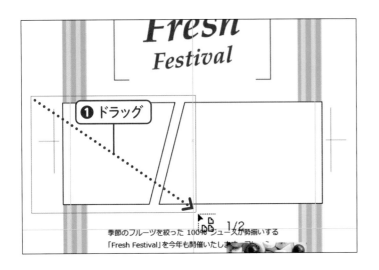

6 写真を配置する ①

マウスカーソルの右下に選択した画像のサムネールが表示されました。図のように左の四角形より大きくなるようにドラッグし❶、写真を配置します。

╭─ MEMO ─╮

ドラッグすることで写真の配置サイズを指定することができます。縦横比は固定されます。

7 写真を配置する ②

1枚目が配置できました。手順❻と同じように、右の四角形より大きくなるようにドラッグし❶、2枚目の写真も配置します。

8 重ね順を変える

四角形が上になるように写真を背面へ移動します。2枚目の写真が選択されている状態で、Shift キーを押しながら1枚目の写真をクリックして選択します❶。[オブジェクト]メニュー→[重ね順]→[背面へ]の順にクリックします❷。

⑨ オブジェクトのグループを解除する

[選択]ツール ▶ で型抜きした四角形をクリックして選択します❶。[プロパティ]パネルの[クイック操作]セクションから[グループ解除]ボタンをクリックします❷。画面の空白をクリックし❸、選択を解除しておきます。

⑩ クリッピングマスクを作成する ①

左の四角形をクリックして選択し❶、[Shift]キーを押しながら背面の写真をクリックして選択します❷。[プロパティ]パネルの[クイック操作]セクションから[クリッピングマスクを作成]ボタンをクリックします❸。

Chapter 5 ポストカードをつくろう

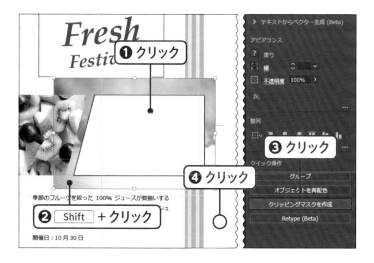

⑪ クリッピングマスクを作成する ②

もう1つの四角形をクリックして選択し❶、[Shift]キーを押しながら背面の写真をクリックして選択します❷。[プロパティ]パネルの[クイック操作]セクションから[クリッピングマスクを作成]ボタンをクリックします❸。画面の空白をクリックして選択を解除しておきます❹。

Chapter
5

ポストカードをつくろう

Lesson 06
制作したパーツを
レイアウトしよう

これまでに制作したロゴや地図を配置して、ハガキの表面を作ります。ここでは、CCライブラリから画像を配置する方法を学びます。

練習ファイル **0506a.ai**　　完成ファイル **0506b.ai**

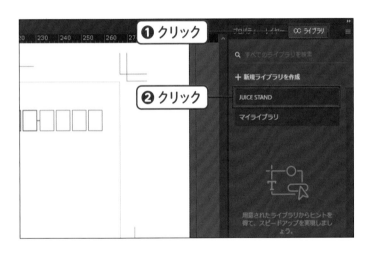

1 CCライブラリを開く

右側のパネルの［CCライブラリ］パネルのタブをクリックし❶、前面に表示します。Chapter 2で制作した［JUICE STAND］をクリックします❷。

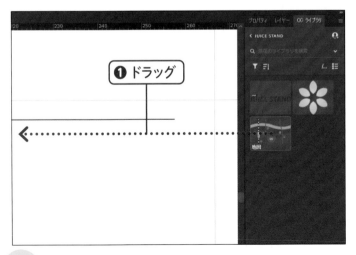

2 ドラッグ＆ドロップする

「JUICE STAND」のライブラリから、Chapter 4で制作した地図をアートボードにドラッグします❶。

MEMO

画面が小さくて作業がしにくい場合は、画面を拡大しましょう。画面の表示サイズの変更についてはP.14を参照。

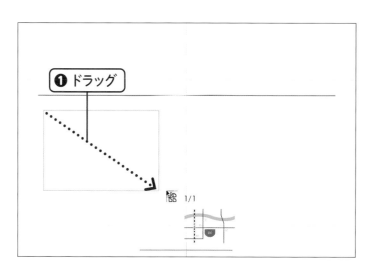

③ 画像を配置する

マウスカーソルの右下に画像が表示されました。
図のような位置でドラッグし❶、地図を配置します。

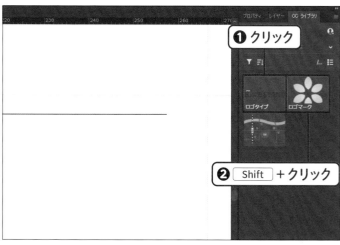

④ 2つの画像を選択する

「JUICE STAND」のライブラリから、Chapter 2
で制作したロゴタイプをクリックして選択します❶。
Shift キーを押しながらロゴマークをクリックす
ると❷、2つの画像を選択した状態になります。

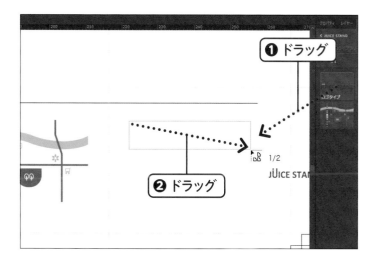

⑤ 1つ目の画像を配置する

アートボードにドラッグすると❶、マウスカーソル
の右下に画像が表示されます。図のような位置で
ドラッグし、ロゴタイプを配置します❷。

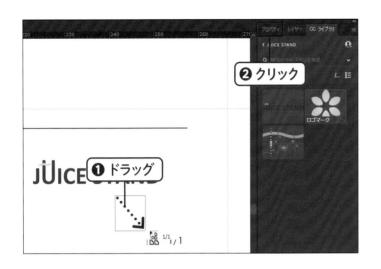

2つ目の画像を配置する

6

ロゴタイプを配置した後も、マウスカーソルの右下に画像が表示されたままになっています。続けて図のような位置でドラッグし❶、ロゴマークを配置します。右側のパネルは、[プロパティ] パネルのタブをクリックし❷、前面に表示しておきます。

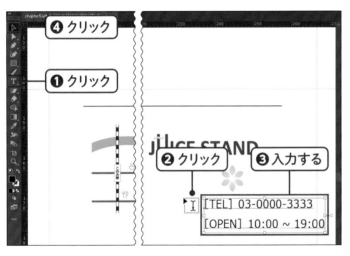

テキストを入力する

7

[文字] ツール **T** をクリックし❶、図のような位置でクリックします❷。電話番号、営業時間を入力し❸、[選択] ツール **▶** をクリックして❹、入力を終了します。

MEMO

文字が見えにくい場合は、P.112の完成イメージを参照。

テキストを設定する

8

[プロパティ] パネルの [文字] [段落] セクションを、以下のように設定します❶。設定ができたら、画面の空白をクリックして選択を解除します❷。

	Windows	Mac
フォントファミリ	メイリオ	ヒラギノ角ゴ Pro
フォントスタイル	Regular	W3
フォントサイズ	8pt	
段落	▦（中央揃え）	

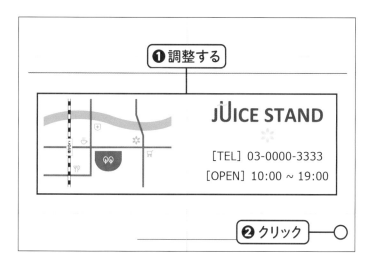

⑨ 位置やサイズを調整する

[選択]ツール ▷ で、地図、ロゴタイプ、ロゴマーク、文字のサイズや位置を調整します❶。調整が終わったら、画面の空白をクリックして選択を解除します❷。

⑩ 線の色を設定する

[ペン]ツール ✐ をクリックし❶、[プロパティ]パネルの[アピアランス]セクションから[塗り]と[線]を以下のように設定します❷。

塗りのカラー	なし
線のカラー	ブラック
線幅	0.2pt

⑪ 線を描く

図のような位置で始点と終点をクリックし❶、直線を描きます。[Ctrl]（Macの場合は[command]）キーを押しながら画面の空白をクリックし❷、選択を解除します。これでポストカードの完成です。[ファイル]メニュー→[保存]の順にクリックし、ファイルを上書き保存します。

制作物に合ったカラーモードを設定しよう

本書ではこれまで、「CMYK」のカラーモードを使って印刷用のデータを作成してきました。その他には、「RGB」というカラーモードもあります。制作物による色の表現の違いと、カラーモードの設定方法を見てみましょう。

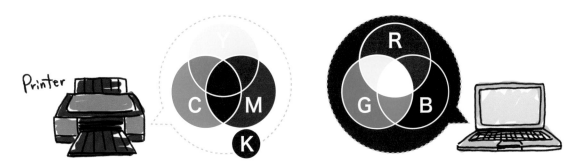

一般的なカラー印刷などでは、C（シアン）、M（マゼンタ）、Y（イエロー）、K（ブラック）の4色のインクが使われており、これらを混ぜ合わせることで色を表現しています。そのため、印刷物のデータは「CMYK」のカラーモードで作成する必要があります。

パソコンのモニタやテレビなどでは、R（レッド）、G（グリーン）、B（ブルー）の3色を混ぜ合わせることで色を表現しています。そのため、パソコンのモニタに表示するデータは「RGB」のカラーモードで作成する必要があります。

▶ カラーモードの設定方法

Illustratorでは、新規ドキュメントの作成時にカラーモードの設定がおこなえます。［新規ドキュメント］ダイアログボックスの［印刷］タブを選択すると、自動的にCMYKに設定されます。また、［Web］を選択するとRGBに設定されます。新規ドキュメントを作成する際には、制作物に合わせて設定しましょう。

▶ カラーモードの変更方法と注意点

作業途中でもカラーモードを変更することができます。［ファイル］メニュー→［ドキュメントのカラーモード］の順に選択すると2つのカラーモードが表示され、設定されているモードにチェックがついています。チェックを切り替えるとカラーモードを変更できます。

しかし、RGBからCMYKに変換する場合は、CMYKよりもRGBの方が表現ができる色域が広いため、RGBの鮮やかな色がCMYKでは表現できず、くすんだ色に置き換わってしまうことがあります。また、再度カラーモードをRGBに戻しても元の色には戻らないので、変換する前にはファイルのコピーをとっておきましょう。

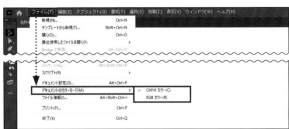

6

SNSのヘッダー画像を
つくろう

Chapter 6では、SNSで使用するヘッダー画像をつくります。操作を通して、イラストの描き方や再配色で色を変更する方法を身につけます。完成した画像はWebで表示するために適切なファイル形式で保存します。

SNSのヘッダー画像をつくろう

完成イメージ

POINT
2

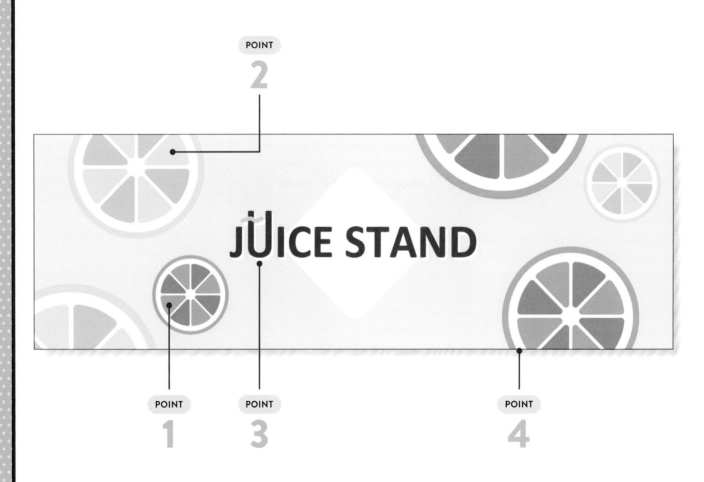

JUICE STAND

POINT
1

POINT
3

POINT
4

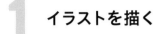
POINT

1 イラストを描く P.142

パスファインダーを使って少し複雑なオレンジのイラストに挑戦します。

POINT

2 再配色で色を変更する P.148

「オブジェクトを再配色」を使って、色を置き換えます。簡単な操作でカラーバリエーションを増やすことができます。

POINT

3 文字に影をつける P.152

「ドロップシャドウ」の効果を使って、ロゴタイプに影をつけます。

POINT

4 Web用に保存する P.154

画像をWebで表示するために適切なファイル形式で保存します。

Lesson 01
新規ドキュメントを作成しよう

はじめに、画像サイズを指定し、Webに適した設定で新規ドキュメントを作成する方法を学びます。

練習ファイル　なし　　　完成ファイル　0601b.ai

1 新規ドキュメントを作成する

［ファイル］メニュー→［新規］の順にクリックします。
［新規ドキュメント］ダイアログボックスが表示されるので［Web］のタブをクリックし❶、［プリセットの詳細］に「chapter6」と入力します❷。

> **MEMO**
>
> ［プロファイル］を［Web］に設定すると、自動的にWebサイトでよく使われるサイズや単位、カラーモードに変わります（カラーモードについてはP.134を参照）。

2 画像サイズを設定する

タイトル画像のサイズを指定します。［幅］に「1500」、［高さ］に「500」と入力し❶、［作成］ボタンをクリックします❷。

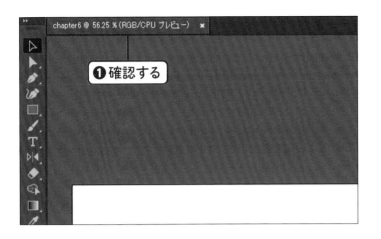

③ 新規ドキュメントが 作成された

指定したサイズのアートボードが表示されました。ドキュメントウィンドウのファイル名の横に、カラーモードが［RGB］と表示されているのを確認します❶。

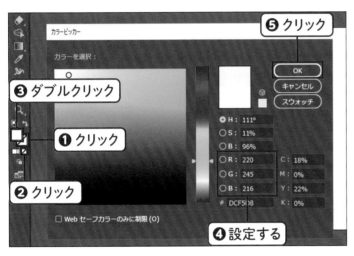

④ 色を設定する

ツールバーの［線］ボックスをクリックし❶、［なし］ボタンをクリックします❷。次に［塗り］ボックスをダブルクリックし❸、［カラーピッカー］を表示します。［RGB］を以下のように設定し❹、［OK］ボタンをクリックします❺。

R	220	G	245	B	216

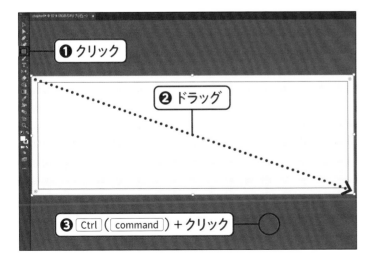

⑤ 背景を描く

［長方形］ツール ■ をクリックし❶、図のようにドラッグして❷、アートボードより少し大きな長方形で背景を描きます。 Ctrl （Macの場合は command ）キーを押しながら画面の空白をクリックし❸、選択を解除します。

MEMO

アートボードからはみ出た部分は書き出されないため、サイズなどを細かく気にする必要はありません。

Lesson 02

模様を描こう

正方形を変形して、背景の模様を描きます。また、誤って操作してしまわないように背景と模様をロックします。

練習ファイル **0602a.ai**　　完成ファイル **0602b.ai**

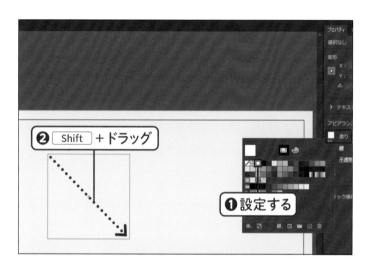

1 正方形を描く

[長方形] ツール で、[プロパティ] パネルの [アピアランス] セクションから [塗り] を [ホワイト] □ に設定し❶、アートボードの中心あたりで Shift キーを押しながらドラッグして❷、正方形を描きます。

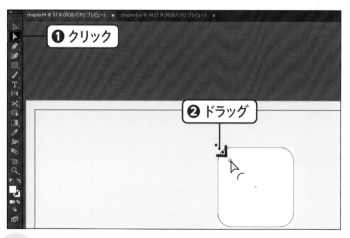

2 角を丸くする

[ダイレクト選択] ツール ▶ をクリックすると❶、コーナーウィジェット ⊙ が表示されます。どれか1つを内側にドラッグします❷。

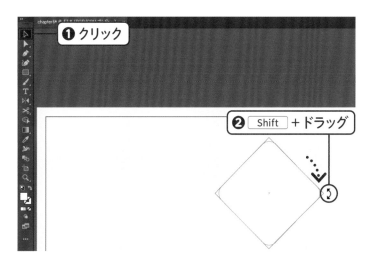

❶ クリック

❷ [Shift] + ドラッグ

正方形を回転する

[選択] ツール ▷ をクリックします❶。正方形の
バウンディングボックスの右上にカーソルを合わ
せ、◠ に変わったら [Shift] キーを押しながら図
のようにドラッグして❷、角度を45°回転します。

MEMO

[Shift] キーを押しながらドラッグすると角度を45°刻みに
固定して回転ができます。

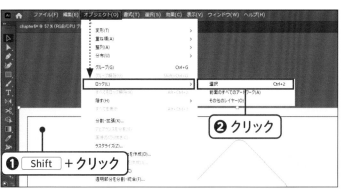

❶ [Shift] + クリック

❷ クリック

背景と模様をロックする

背景と模様をロックします。正方形が選択されてい
る状態で、[Shift] キーを押しながら背景をクリッ
クし❶、模様と背景を選択します。次に [オブジェ
クト] メニュー→ [ロック] → [選択] の順にクリッ
クします❷。

CHECK

Webに適したファイル形式

Web用に保存する場合、以下のいずれかの形式に保存します。ここでは、各形式の特徴を見てみましょう。

● GIF形式（.gif）
表現できる色数が256色と限られているので、色数の少ないロゴやイラストなどに向いています。また、透明部分を保持して保
存したり、アニメーションも設定したりすることができます。色数が少ないぶんファイルサイズは小さくなります。

● JPEG形式（.jpg）
表現できる色数が1677万色と幅広く、多くの色を表現する写真や、グラデーションを使った画像などに向いています。ただし、
色数が多いぶんファイルサイズは大きくなります。また、透明部分を保持して保存することはできません。

● PNG形式
表現できる色数が「PNG-8」は256色まで、「PNG-24」は1677万色と、保持する画像に合わせて選択することができます。また、
透明部分を保持して保存することもできます。色数の少ない画像を「PNG-8」で保存すると、GIFよりもファイルサイズが小さく
なることが多いです。色数が多い画像を「PNG-24」で保存すると、JPEGよりもファイルサイズが大きくなることが多いです。

Lesson 03

イラストを描く準備をしよう

描いた図形を回転させて複製し、少し複雑なイラストを描くための準備をします。ここでは、同じ変形を繰り返す方法を身につけます。

練習ファイル **0603a.ai** 完成ファイル **0603b.ai**

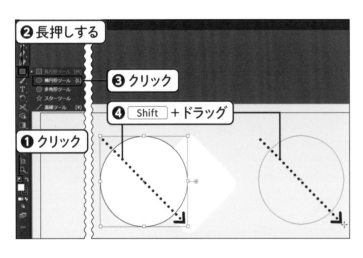

1 円を描く

ツールバーの[初期設定の線と塗り] をクリックします①。次に、[長方形]ツール を長押しし②、[楕円形]ツール をクリックします③。図のような位置で Shift キーを押しながらドラッグし④、2つ正円を描きます。

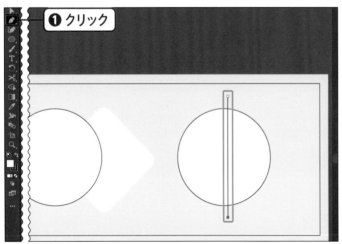

2 線を描く

[ペン]ツール をクリックし①、2つ目に描いた正円の上に、正円からはみ出るくらいの直線を描きます。

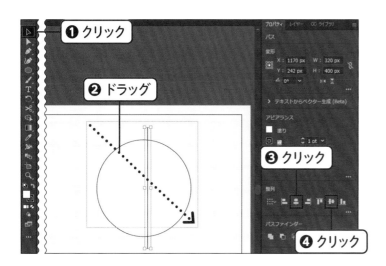

3 オブジェクトを整列する

［選択］ツール ▷ をクリックし❶、円と直線を囲むようにドラッグして選択します❷。［プロパティ］パネルの［整列］セクションから［水平方向中央に整列］ボタン ⯐ をクリックし❸、続けて［垂直方向中央に整列］ボタン ⯐ をクリックします❹。

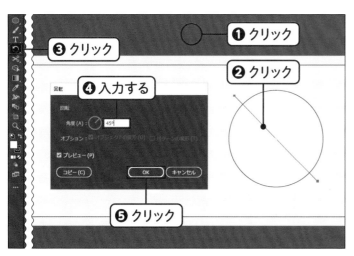

4 直線を回転する

画面の空白をクリックし❶、一度選択を解除します。直線をクリックして選択します❷。［回転］ツール ⟳ をダブルクリックし❸、［角度］に「45」と入力して❹、［コピー］ボタンをクリックします❺。

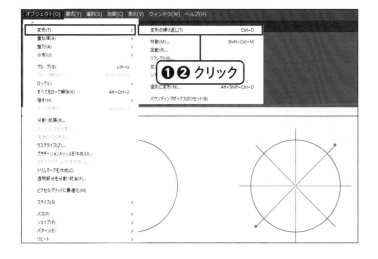

5 変形を繰り返す

［オブジェクト］メニュー→［変形］→［変形の繰り返し］の順にクリックし❶、直線を45°回転させて複製する変形を繰り返します。さらにもう一度［変形の繰り返し］をクリックし❷、円が8等分になるように直線を回転させて複製します。

Lesson 04

イラストを描こう

パスファインダーを使って、オレンジのイラストを描く方法を学びます。

練習ファイル **0604a.ai**　完成ファイル **0604b.ai**

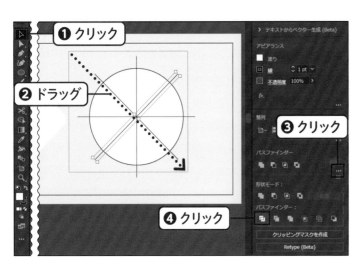

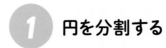

1 円を分割する

[選択]ツール をクリックし❶、円とすべての直線を囲むようにドラッグして選択します❷。[プロパティ]パネルの[パスファインダー]セクションから[詳細オプション] をクリックし❸、[分割]ボタン をクリックします❹。

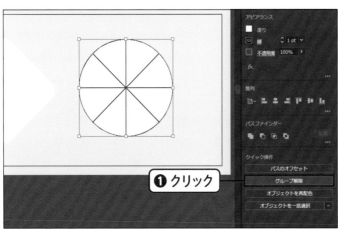

2 グループ化を解除する

分割した図形はグループ化されています。分割した円が選択されている状態で、[プロパティ]パネルの[クイック操作]から[グループ解除]ボタンをクリックし❶、グループを解除します。

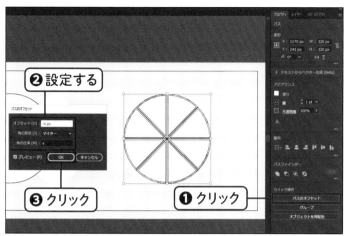

小さい図形を描く

［プロパティ］パネルの［クイック操作］から［パス
のオフセット］ボタンをクリックします❶。［パスの
オフセット］ダイアログボックスを以下のように設
定し❷、［OK］ボタンをクリックします❸。

オフセット	-4px
角の形状	マイター
角の比率	4

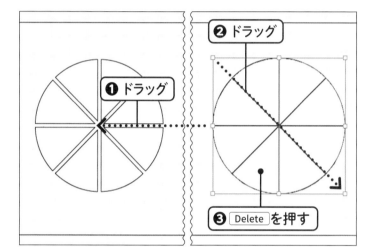

図形を移動する

4mm小さい図形ができたらドラッグし❶、元の
図形と被らない位置まで移動します。元の図形は
使わないので、ドラッグして選択し❷、Delete キー
を押して削除します❸。

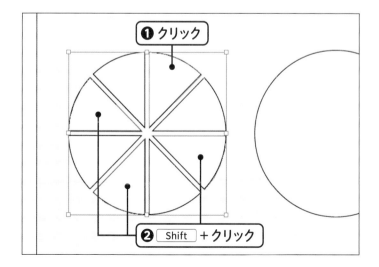

図形を選択する

［選択］ツール ▷ で8等分した図形のうちの1つ
をクリックして選択します❶。Shift キーを押し
ながら、図のように1つ飛ばしで図形をクリックし
て選択します❷。

145

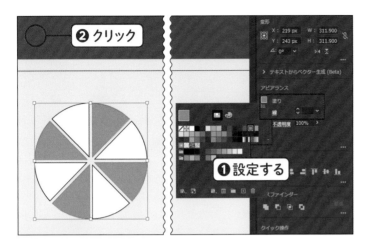

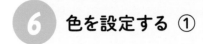

6 色を設定する ①

[プロパティ] パネルの [アピアランス] セクション
を以下のように設定します❶。一度画面の空白を
クリックして❷、選択を解除します。

塗り	R	247	G	147	B	30
線	なし					

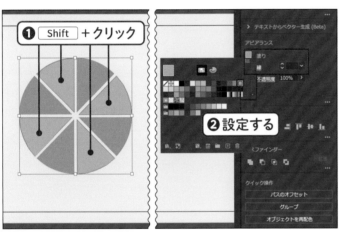

7 色を設定する ②

手順❺で選択しなかった図形を Shift キーを押
しながらクリックして選択し❶、[プロパティ] パ
ネルの [アピアランス] セクションを以下のように
設定します❷。

塗り	R	251	G	176	B	59
線	なし					

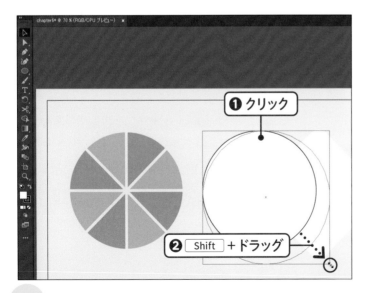

8 円の大きさを調整する

[選択] ツール ▷ で、隣の正円をクリックして選
択します❶。8等分した図形よりも正円が大きく
なるように大きさを調整します。表示されたバウ
ンディングボックスの右下にマウスカーソルを合
わせ、↖↘ に変わったら Shift キーを押しながら
図のようにドラッグします❷。

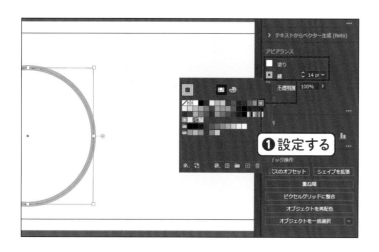

⑨ 色と幅を設定する

[プロパティ]パネルの[アピアランス]セクション
を以下のように設定します❶。

塗り	ホワイト					
線	R	251	G	176	B	59
線幅	14px					

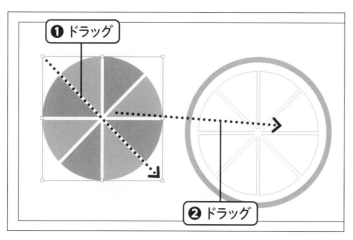

⑩ 図形を移動する

[選択]ツール で8等分の図形をすべてドラッ
グして選択し❶、図のようにドラッグして隣の正
円に重ねます❷。

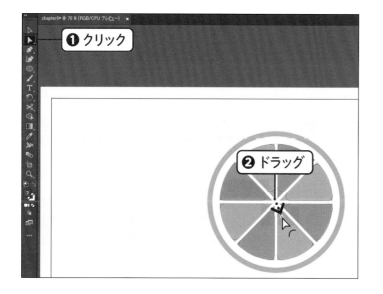

⑪ 角を丸くする

[ダイレクト選択]ツール をクリックし❶、コー
ナーウィジェット ◎ を内側にドラッグして❷、角
を丸くします。

Lesson 05

イラストを編集しよう

オレンジのイラストを複製して、編集します。「オブジェクトを再配色」を使って色を置き換える方法を学びます。

練習ファイル **0605a.ai**　完成ファイル **0605b.ai**

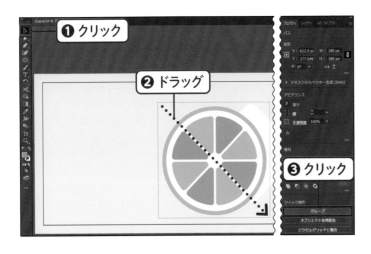

1 グループ化する

［選択］ツール ▶ をクリックし❶、オレンジのイラストを囲むようにドラッグして選択します❷。［プロパティ］パネルの［クイック操作］セクションから［グループ］ボタンをクリックします❸。

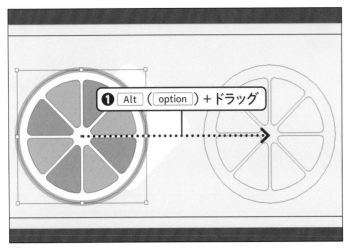

2 移動・複製する ①

オレンジのイラストが選択されている状態で、Alt（Macの場合は option）キーを押しながら図のような位置までドラッグし❶、マウスを離して複製されたことを確認してからキーを離します。

③ 移動・複製する ②

P.136のイメージを参考に、全体のバランスを見ながらオレンジを移動・複製しましょう。

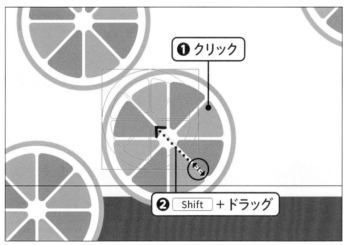

❶ クリック

❷ Shift + ドラッグ

④ 縮小する

縮小したいオレンジをクリックして選択します❶。表示されたバウンディングボックスの右下にマウスカーソルを合わせ、に変わったら Shift キーを押しながら図のようにドラッグします❷。

> **MEMO**
>
> Shift キーを押しながら操作すると、縦横比を固定したまま拡大・縮小ができます。

⑤ 拡大・縮小する

P.136のイメージを参考に、全体のバランスを見ながらオレンジを拡大・縮小しましょう。

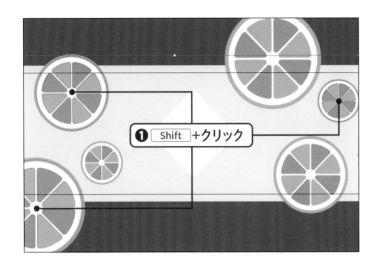

6 オブジェクトを選択する

再配色したいオレンジのイラストを、Shift キー
を押しながらクリックして選択します❶。

7 [オブジェクトを再配色]ダイアログボックスを表示する

[プロパティ]パネルの[クイック操作アクセス]セ
クションから[オブジェクトを再配色]をクリックし
ます❶。[オブジェクトを再配色]ダイアログボック
スが表示されます。

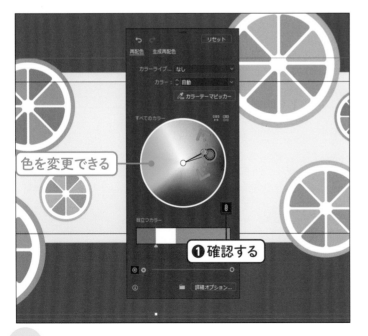

8 色を変更する

現在の色がカラーホイールの中に表示されていま
す。[ハーモニーカラーをリンク、または解除]ボ
タンが 🛢 になっているのを確認し❶、カラーマー
カー（二重の輪）を動かすとカラーバランスを保っ
たまま色が変わります。

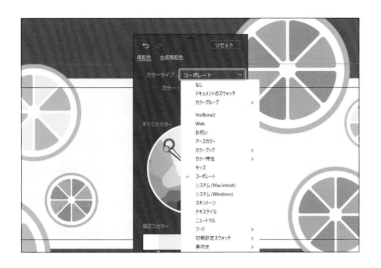
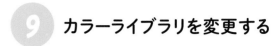

9　カラーライブラリを変更する

[カラーライブラリ]の ∨ から、事前定義された
カラーライブラリが選択できます。[リセット]ボタ
ンから元の色に戻すことができるので、いろいろ
なカラーライブラリを試してみましょう。

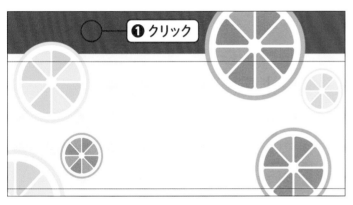

10　再配色を終了する

色の変更が終わったら、[選択]ツール ▷ で画
面の空白をクリックします❶。[オブジェクトを再
配色]ダイアログボックスが消え、選択も解除さ
れました。

CHECK

AI生成再配色

「生成再配色」とは、再配色機能にAdobe
Fireflyの生成AI機能を追加したもので、「プロ
ンプト」と呼ばれる言葉による指示で配色を変更
できる機能です。プロンプトを入力し❶、[生成]
ボタンをクリックすると❷、プロンプトから再配
色のバリエーションが作成されます。

Lesson 06

文字に影をつけよう

ドロップシャドウを使うと、オブジェクトに影が落ちたような効果をつけることができます。ここではロゴタイプに影をつける方法を学びます。

練習ファイル　0606a.ai　　完成ファイル　0606b.ai

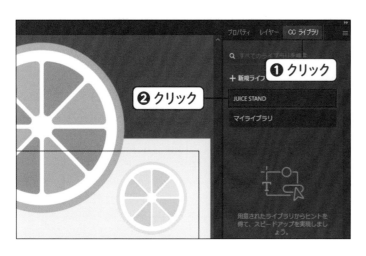

1　[CC ライブラリ] パネルを開く

右側のパネルの [CC ライブラリ] パネルのタブをクリックし❶、前面に表示します。Chapter 2で制作した[JUICE STAND]をクリックします❷。

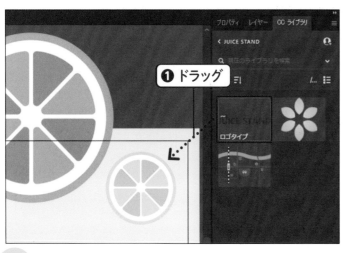

2　ロゴタイプをドラッグ＆ドロップする

「JUICE STAND」のライブラリから、Chapter 2で制作したロゴタイプをアートボードにドラッグ＆ドロップします❶。

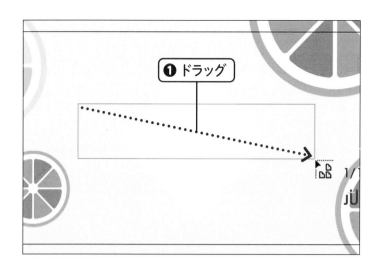

③ ロゴタイプを配置する

マウスカーソルの右下に画像が表示されました。図のようにアートボードの中心あたりでドラッグし❶、ロゴタイプを配置します。

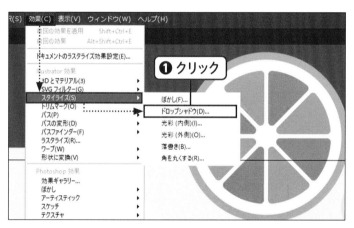

④ 文字に影をつける

ロゴタイプが選択されている状態で、［効果］メニュー→［スタイライズ］→［ドロップシャドウ］の順にクリックします❶。

⑤ 項目を設定する

［ドロップシャドウ］ダイアログボックスが表示されたら以下のように設定し❶、［OK］ボタンをクリックします❷。

描画モード	通常				
不透明度	100%				
X軸オフセット	5px				
Y軸オフセット	6px				
ぼかし	0px				
カラー	R	255	G	255	B	255

Lesson 07

Web用に保存しよう

SNSのヘッダー画像をWebで表示するため、適切なファイル形式に保存する方法を学びます。

練習ファイル 0607a.ai 完成ファイル 0607b.ai

1 Web用に保存する

[ファイル] メニュー→ [書き出し] → [スクリーン用に書き出し] の順にクリックし❶、[スクリーン用に書き出し] ダイアログボックスを表示します。

2 名前を変更する

[アートボード1] と名前がついているアートボードが左側に表示されます。名前をクリックし❶、「header」と書き換えて❷、Enter (Macの場合はReturn) キーを押します。次に [書き出し先] の をクリックします❸。

MEMO

Web用のファイル名は、英数字と-(ハイフン)、_(アンダースコア)のみでつけることをおすすめします。

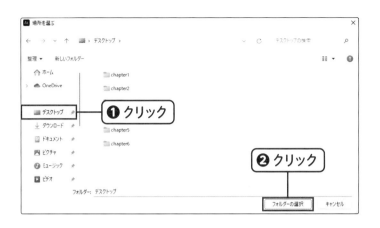

③ 保存場所を指定する

[場所を選ぶ]ダイアログボックスが表示されます。
保存場所を[デスクトップ]に設定し❶、[フォル
ダーの選択](Macの場合は[選択])ボタンをク
リックします❷。

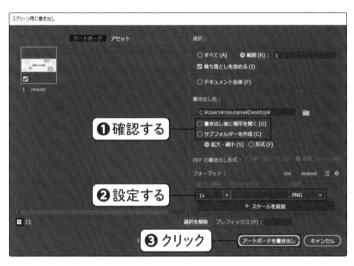

④ アートボードを書き出す

[書き出し先]の項目にチェックがついていないこ
とを確認し❶、[フォーマット]を以下のように設
定します❷。[アートボードを書き出し]ボタンを
クリックします❸。

拡大・縮小	1x
サフィックス	なし
形式	PNG

⑤ ファイルを確認する

Illustratorファイルとは別に、Webサイトでの掲
載に適したファイルがデスクトップに保存されまし
た。図では、「header.png」を「フォト」アプリで
開いてみました。これでSNSのヘッダー画像の完
成です。

╭─────────╮
│   MEMO   │
╰─────────╯
P.38～P.39の方法でも保存しておきましょう。

● Illustrator の環境設定

[環境設定] には、Illustratorの作業環境をより使いやすくするための設定オプションが用意されています。ここでは参考までに、便利な設定を3つ紹介します。

[プロパティ] パネルの [クイック操作] セクションから [環境設定] ボタンをクリックすると、以下のようなダイアログボックスが表示されます。ダイアログボックスには多くのオプションがあり、各オプションを選択すると右側に設定項目が表示されます。

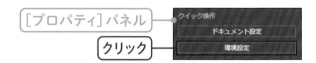

▶ 矢印キーの移動距離を設定する

[一般] オプションの [キー入力] では、矢印キー ← → ↑ ↓ を押したときにオブジェクトを移動する距離を設定できます。初期設定では「0.3528mm」が設定されています。用途に合わせてわかりやすい値 (「0.1mm」や「0.5mm」など) に変更しておくと便利です。

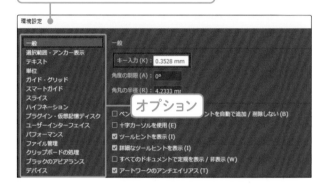

▶ 単位を設定する

[単位] オプションの [一般] の ▼ をクリックし、表示されたメニューから単位を選択すると、[定規] の単位やオブジェクトの移動・変形などの際に指定する数値の単位を設定できます ([定規] についてはP.72を参照)。

▶ ユーザーインターフェイスの明るさを設定する

[ユーザーインターフェイス] オプションの [明るさ] は4段階から選択でき、パネルの明るさを変更できます❶。[カンバスカラー] では、ドキュメントウィンドウのアートボードの周りの色を設定できます❷。

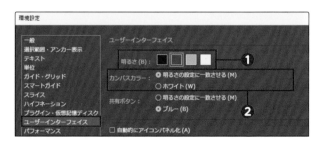

この他にも環境設定には、Illustratorの操作や表示に関わるさまざまな設定オプションがあります。Illustratorの基本操作に慣れたところで確認してみましょう。

Index

著者 ロクナナワークショップ銀座

Web制作の学校「ロクナナワークショップ銀座」では、デザインやプログラミングのオンライン講座、Web・IT・プログラミング、Adobe Photoshop・Illustratorなどの企業や学校への出張開講、個人やグループでの貸し切り受講、各種イベントへの講師派遣をおこなっています。

IT教育の教科書や副読本の選定、執筆、監修などもお気軽にお問い合わせください。

また、起業家の「志」を具体的な「形」にするスタートアップスタジオ GINZA SCRATCH（ギンザ スクラッチ）では、IT・起業関連のイベントも毎週開催中です。

https://67.org/ws/

＊お問い合わせ
株式会社ロクナナ・ロクナナワークショップ銀座
東京都中央区銀座 6-12-13 大東銀座ビル 2F　GINZA SCRATCH
E-mail : workshop@67.org

デザインの学校
これからはじめる
Illustratorの本
[2024年最新版]

2024 年 2 月 21 日　初 版　第 1 刷発行

カバーデザイン ················· クオルデザイン（坂本 真一郎）
カバーイラスト ················· サカモトアキコ
本文デザイン ················· クオルデザイン（坂本 真一郎）
DTP ················· 五野上 恵美
編集 ················· 佐久 未佳
技術評論社ホームページ ······ https://gihyo.jp/book

著　者　ロクナナワークショップ
発行者　片岡 巌
発行所　株式会社技術評論社
　　　　東京都新宿区市谷左内町 21-13
　　　　電話　03-3513-6150　販売促進部
　　　　　　　03-3513-6160　書籍編集部
印刷／製本　大日本印刷株式会社

定価はカバーに表示してあります。

ISBN978-4-297-13981-0 C3055
Printed in Japan

問い合わせについて

本書の内容に関するご質問は、下記の宛先までFAXまたは
書面にてお送りください。なお電話によるご質問、および本
書に記載されている内容以外の事柄に関するご質問にはお答
えできかねます。あらかじめご了承ください。

〒162-0846
新宿区市谷左内町 21-13
株式会社技術評論社　書籍編集部
「デザインの学校　これからはじめる
　Illustratorの本［2024年最新版］」質問係

[FAX]　03-3513-6167
[URL]　https://book.gihyo.jp/116

なお、ご質問の際に記載いただいた個人情報は、ご質問の返答以外の目的
には使用いたしません。また、ご質問の返答後は速やかに破棄させていた
だきます。